吴军

著

中信出版集团 | 北京

图书在版编目（CIP）数据

给孩子的科学课 / 吴军著. -- 北京 : 中信出版社,
2023.8（2025.1重印）
ISBN 978-7-5217-5788-0

Ⅰ. ①给… Ⅱ. ①吴… Ⅲ. ①科学实验－青少年读物
Ⅳ. ①N33-49

中国国家版本馆CIP数据核字(2023)第100492号

给孩子的科学课

著　　者：吴军
出版发行：中信出版集团股份有限公司
（北京市朝阳区东三环北路27号嘉铭中心　邮编　100020）
承 印 者：北京利丰雅高长城印刷有限公司

开　　本：787mm×1092mm　1/16　　印　　张：15　　字　　数：300千字
版　　次：2023年8月第1版　　印　　次：2025年1月第6次印刷
书　　号：ISBN 978-7-5217-5788-0
定　　价：69.00 元

谨献给

探索求知的同学们和终身学习的家长

推荐序

传播科学精神、科学方法与科学思想

韩启德
中国科学技术协会名誉主席

4年前，我读到吴军先生写的《文明之光》四卷本，当时就觉得作为一名科技专家能有如此广阔的视野、丰富的知识和深厚的人文情怀，实在难得，钦佩之至。我把那套书置于案头，时常查阅，受益匪浅。现在吴军先生又有新作，是一本为孩子们写的科普作品，取名《给孩子的科学课》。读完书稿，不禁拍案叫绝。

长期以来，我们的科普读物大都集中在对科学知识的传播。近年来，我国的科普工作有了很大进步，参与的科技工作者越来越多，形式越来越丰富多彩，水平越来越高，但基本上还没有跳出以传播知识为主的框架。吴军先生的这本书以科学史为纲，以现代科学最重要的特征——科学实验为主线，在讲述历史上每项重大科学发现时都把重点放在谁在什么背景情况下提出了什么问题和假设，然后怎么设计实验证明或证伪这样的假设，从而找到正确答案。书中不仅描述实验的巧妙和成功，也描述实验遇到的困难与经历的失败；不仅有科学家的研究经历，也有他们各自不同的成长环境和个性特点。这样，让读者不仅更加容易学懂和理解每一课所述的知识点，而且更有助于让读者体会什么是科学精神、科学方法与科学思想。这是吴军先生这本书最重要的特点和最可贵的地方。

这本书的写作一如吴军先生历来的风格，材料丰富，逻辑严密，体现出优秀科学家理性和科学的思维特点。他的文字准确、简明、流畅、优雅，充满人文情怀。这本书用生动的图像展示实验装置及其原理，用幽默的漫画揭示艰深的科学道理，用活泼的小贴士随时对正文做出补充说明。这样做，显然与这本书是为孩子们写的有关，但根据我的阅读体验，即使对成人理解艰深的科学原理也是非常有帮助的。

现在大家越来越认识到科学普及与传播的重要意义，公众对科普作品的要求也水涨船高。吴军先生的这本《给孩子的科学课》为科普读物树立了新的标杆。我相信这本书一定能够得到普遍欢迎和认可，并为我国科普作品向高质量方向发展发挥推动作用。

是为序。

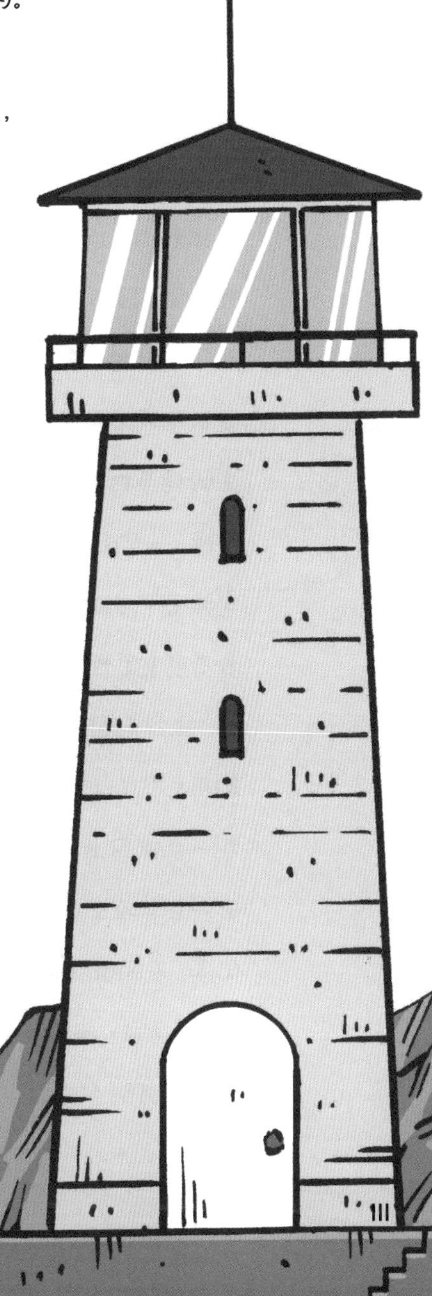

前言

伟大的科学发现是如何产生的

本书通过介绍影响人类文明进程的40个科学实验，向青少年讲述科学的历史和本质。为什么要从实验入手讲述呢？因为人类在科学和技术上的进步离不开实验。可以讲，科学的发展历史就是人类不断做实验、发现科学规律的历史。今天，学习科学依然要从做实验入手，而青少年要想培养创造力，也需要从做实验开始。

实验和我们日常普通的观察有三个不同点。其一，日常的观察通常是没有目的的，因此获取新知识的效率较低；实验通常是为了一个明确目的而专门设计的，在做实验的过程中，实验者会主动收集信息。其二，日常观察到的现象常常不可重复，即便看似一样的现象，每一次发生的条件和产生的结果也不大相同，因此通过观察总结出一般性规律是很难的，很多时候，人们还会将特例错当一般性规律；但实验是刻意设计的，同一个实验每一次进行时，实验的条件、设备都是相同的，因此它们的结果也具有可重复性，也就是说，无论谁来做，只要条件和流程一样，结果也一样，这样就能发现一般性规律。我们只有在获得一般性规律之后，才能利用它们进行发明创造，改变世界。其三，日常观察到的事情不是我们每一个观察者可控的，因此，我们很难比较观察到的现象，得出科学结论；但实验却是可控的，我们可以通过实验得知不同方法、不同流程的优劣，不同配方的有效性，这样我们就能非常快地取得进步，对现有的产品、方法、服务进行升级。因此，了解实验是了解科学的钥匙，也是培养创造力的手段。

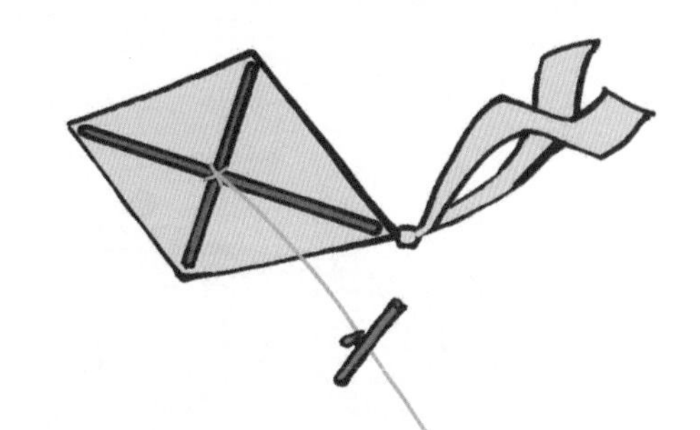

在科学发展历程中，有不少重大的、影响人类文明进程的实验，比如阿基米德所做的浮力实验，焦耳发现能量守恒定律的实验，巴斯德发现细菌的鹅颈瓶肉汤实验等。这些科学家设计实验、解决问题的思路和他们得到的实验结果一样重要，甚至更重要。今天的学生学习浮力定律、能量守恒定律或者细菌致病的原理，只需要一堂课的时间，它们并不难；但是如何能够通过学习，掌握探索科学问题的方法，却不是一件容易的事情。因此，本书介绍了历史上那些伟大的科学家进行实验的细节和过程，希望大家从此学会他们的科学思维方法。只有掌握了这些方法，才能做出自己的创新。

今天，从小学到高中的教科书已经系统性地介绍了基本的科学知识。但是教科书上一般不会介绍学生需要了解的三种知识：其一，基本的科学知识是如何被发现的，当时的科学家是如何思考的；其二，它们为什么重要，对后来的科学发展产生了什么影响；其三，为了发现这些新知识，需要设计什么实验，或者实验和科学有何关系。本书就为大家补上这三种知识，以便大家对科学有完整的了解。

本书的内容从最早的物理学实验——测量讲起，一直讲到轰动世界的引力场实验。希望通过这40个科学实验，让读者朋友了解科学发展的历史、最新的动态，以及更重要的——科学方法。

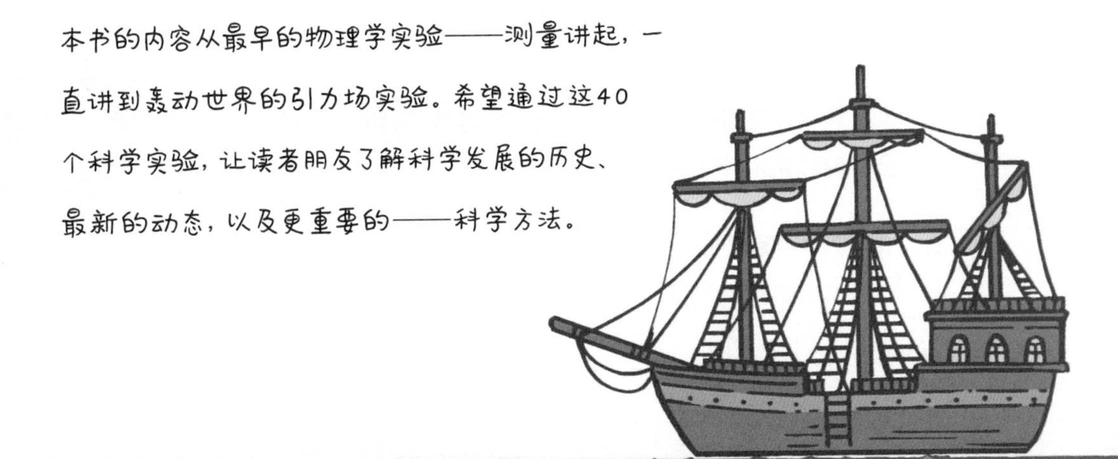

古代科学时代

目录

文艺复兴

启蒙时代

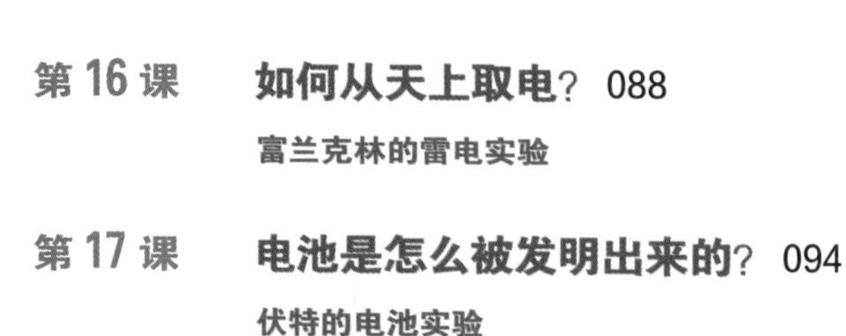

工业革命

现代科学

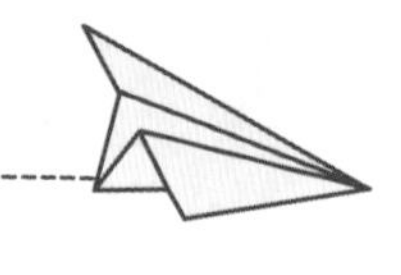

开始我们的旅程

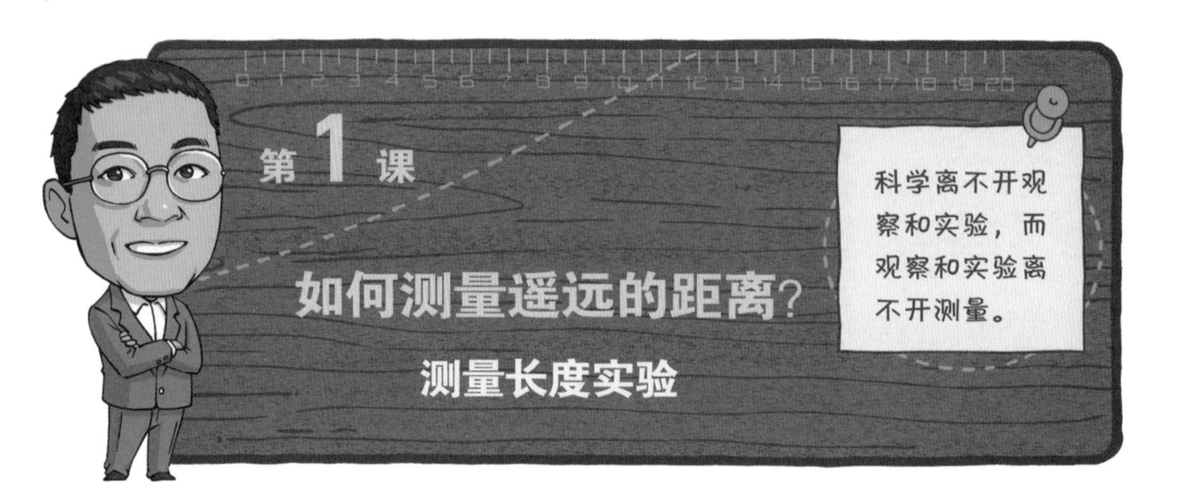

第1课 如何测量遥远的距离？

测量长度实验

成年人两个指节的长度大概是 4 厘米，很多学校操场的跑道长 400 米，而地球赤道的周长超过 40000 千米。看到这个数据的时候，你是否思考过：这么长的距离是如何测量出来的呢？

不要小看“测量”这件事，在实验科学研究中，第一步往往是测量各种数据，比如长度、时间、质量和温度等。万丈高楼平地起，测量是进行所有科学实验的基础。

古代人分不清质量和重量的区别，会把它们混为一谈。为了避免混淆，在本书中，我们把物体本身所具有的物质的多少称为质量，把物体在地球上所表现出的重力特性称为重量。比如，一个滑板车在外太空，受到的重力几乎是零，但它的质量是始终存在的。一般来说，测量质量用天平，测量重量用秤。质量用 m 表示，重量用 G 表示。

“尺子”的进化

在历史上，最早的实验科学就是从测量长度开始的。为什么是长度呢？因为在各种测量中，测量长度相对简单——人体自身就带有很多丈量长度的标尺，比如用脚、撑开的手掌或是步长作为测量单位。

名称	古埃及象形文字	今天的长度	与1指的换算比例
指		1.875 cm	1
四指宽		7.5 cm	4
手宽		9.38 cm	5
拳宽		11.25 cm	6
小爪		22.5 cm	12
大爪		26 cm	14
足长		30 cm	16
上臂长		37.5 cm	20
小臂长（从肘到中指指尖）		52.5 cm	28

古埃及人用打了结的绳子丈量土地

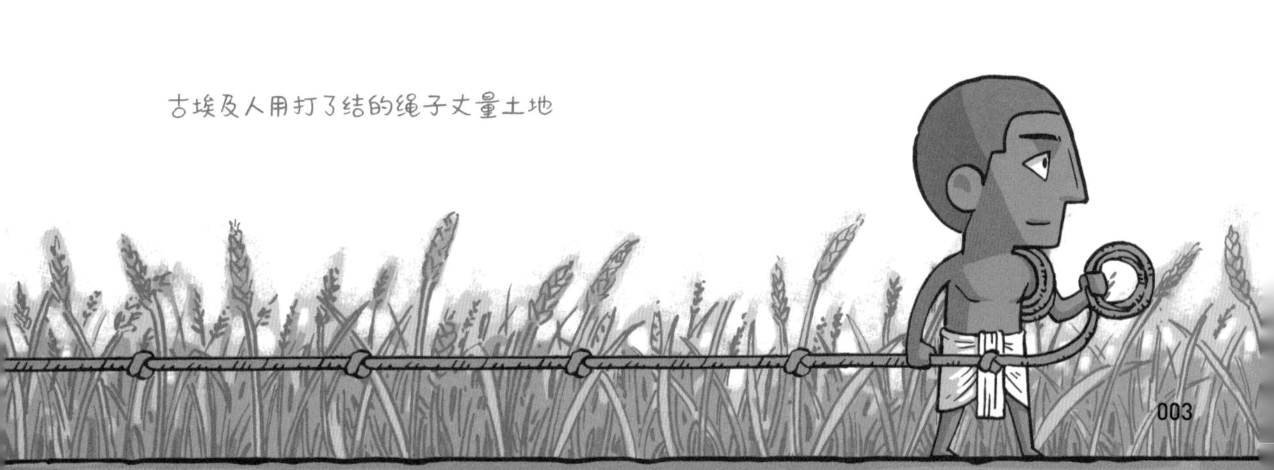

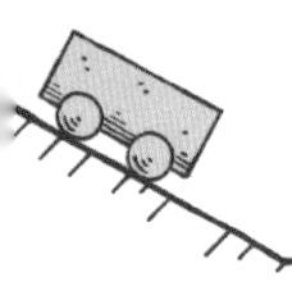

古埃及人在这方面颇有心得。但是，若要测量更大的场景，就不容易了，比如测量两个村子有多远、一条河有多宽，身体就不够用了。此外，以自身尺寸为依据还有一个大问题——每个人的高矮胖瘦各有不同，测出的尺寸显然也不一样。

为了解决这两个问题，古埃及人制定了一些标准的长度单位。同时，他们在很长的绳子上打上间距相等的结，作为测量长距离的工具，这有点像我们今天使用的卷尺。不过，仍然有些距离是无法直接用绳子测量的，这就需要用到几何学的知识了。

高级测量工具——几何学

大约在 4000 年前，在古埃及和美索不达米亚，就已经产生了几何学的初步知识。几何学的诞生主要是为了进行农业生产、城市建设。比如，古埃及的农业依赖每年尼罗河水泛滥带来的肥沃的淤泥，他们会在河水退去后在河滩上耕种，因此，准确测量涨水的位置非常重要。

如何利用相似三角形测量河的宽度？

简单起见，我们假设河流的宽度不变，两岸是平行的，A、B 是河两岸的两个点，AB 这条线与河的方向垂直，因此，AB 的长度就是河的宽度。我们无法直接测量 AB 的长度，但是我们可以在河的一边远离河岸处选一个 C 点，用一根直尺对准河对岸的 A 点，然后请人记录下我们的视线与河岸的交点 O，接下来我们从 C 点出发向河岸做一条垂线 CD。我们测量出 CD，以及 OB 和 OD 的距离，由于三角形 ABO 和 CDO 是相似三角形。因此，$AB:BO=CD:DO$，然后我们就根据 $AB=\frac{BO \cdot CD}{DO}$ 计算出 AB 的距离，也就是河的宽度。

如果掌握了几何学中相似三角形的知识，测量河的宽度其实不是一件难事。不过，今天没有文字记载显示古埃及人和美索不达米亚人是否知道利用相似三角形来测量河的宽度。

有文字记载的利用相似三角形准确测量长距离的人，是古希腊的哲学家**泰勒斯**。年轻的泰勒斯曾到美索不达米亚的很多地方学习数学和天文学，在大约公元前 600 年，泰勒斯来到古埃及，在那里学会了丈量土地的方法。

在古埃及期间，掌握几何学知识的泰勒斯一直想测量大金字塔的高度，但却一直不得要领。

有一天，泰勒斯注意到大金字塔在阳光下的影子，他脑子里灵光一闪，在地上竖起一根 6 肘长的木棍，木棍和影子构成一个直角三角形，而同时，大金字塔和影子也构成一个相似的直角三角形。泰勒斯测量出木棍的影长是 4 古埃及尺，然后又测量出大金字塔尖顶的影子到金字塔中心的长度是 214 古埃及尺（此前他已经测量出大金字塔底边的长度，能够算出金字塔中心的位置），然后他根据相似三角形对应边成比例的原理，算出大金字塔的高度为 321 古埃及尺，相当于 147 米。今天大金字塔的高度约为 140 米，这 7 米的差距一方面由泰勒斯测量时的误差造成，另一方面是因为大金字塔经过了 2600 多年的风雨侵蚀，比当初矮了一些。

泰勒斯主张通过理性假说来理解自然界的现象和变化规律，然后通过观察和实验来证实。他开创了古希腊理性主义的传统，因此被后人誉为“科学之父”。

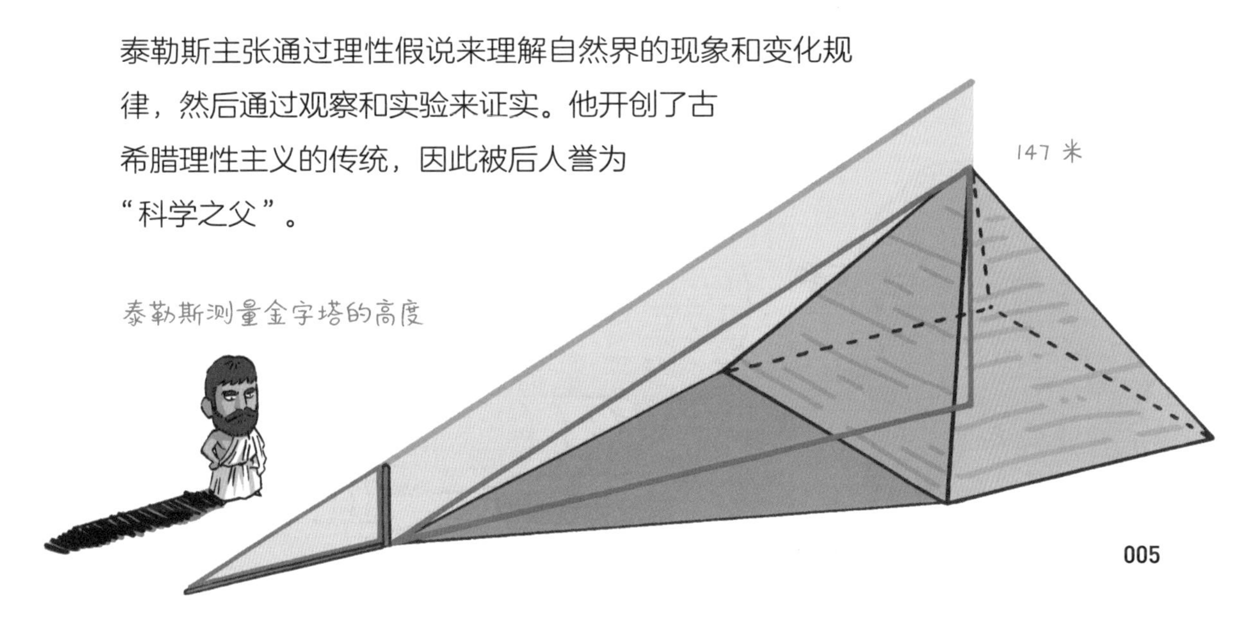

泰勒斯测量金字塔的高度

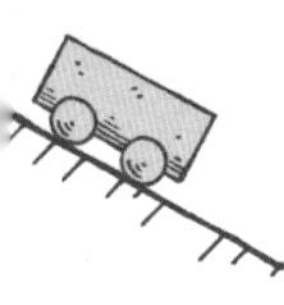

当然，世界上还有一些比尼罗河的宽度、金字塔的高度更大的长度要测量，比如本章开篇的话题之一——地球赤道周长。

用影子测出地球赤道周长

公元前 6 世纪，古希腊数学家、哲学家毕达哥拉斯观察到，当帆船向海平面远方驶去时，看上去像是在下沉；人们在航海时也总是先看到较高的桅杆，然后才能看到其他船的船体。因此，他第一次提出了“地球是球体”这一观点，但是毕达哥拉斯和很多古希腊学者都无法测量地球的“尺寸”。

埃拉托色尼生活在希腊化时代，出生于希腊文明圈的北非昔兰尼。他自幼接受良好的教育，兴趣广泛，博学多闻，是古希腊著名的数学家、历史学家、诗人，同时在天文学和地理学方面也有不少贡献。

第一个较为准确地测量出地球赤道周长的是古希腊科学家**埃拉托色尼**。

今天我们知道，太阳光在高纬度地区留下的影子较长，在低纬度地区留下的影子较短。埃拉托色尼利用这一特点，计算出了地球的弧度，进而推算出了地球赤道周长。

毕达哥拉斯提出地球是圆的

当时，在古埃及的南方有一个叫赛因（今天的阿斯旺附近）的地方，那里有一口深井，每年夏至日正午，太阳光可直射井底，当时很多人都去观赏奇景。这是因为赛因正好位于北回归线上，夏至日正午的太阳正好位于天顶，此时可以近似地认为，阳光的延长线穿过地心。同理，在夏至日正午，如果你在赛因的地面上竖一根棍子，是留不下影子的，但是在世界上其他纬度的地方竖一根棍子还是会有影子。

由于地球在围绕太阳公转时，自身是倾斜的，所以在一年中，太阳直射点会在南北回归线之间移动，其中夏至这一天，太阳直射北回归线；冬至这一天，太阳直射南回归线；春分和秋分时，太阳直射赤道。

于是，夏至这一天正午，埃拉托色尼在他生活的亚历山大港，选择了一座高大的方尖碑作为参照物，测量了那天方尖碑影子的长度，从而计算出方尖碑和太阳光线之间的角度为 7° 12′，也就是相当于圆周角（360°）的 1/50。地球上不同位置接收的阳光几乎是平行的，根据内错角相等原理，赛因到亚历山大港对应的地心角度也是 7° 12′。这一角度对应的弧长，就是从赛因到亚历山大港的距离——5000 希腊里，也相当于地球赤道周长的 1/50。于是埃拉托色尼就计算出，地球赤道周长是 25 万希腊里，相当于约 39000 千米，这和今天我们计算的 40076 千米已经相差很小了。

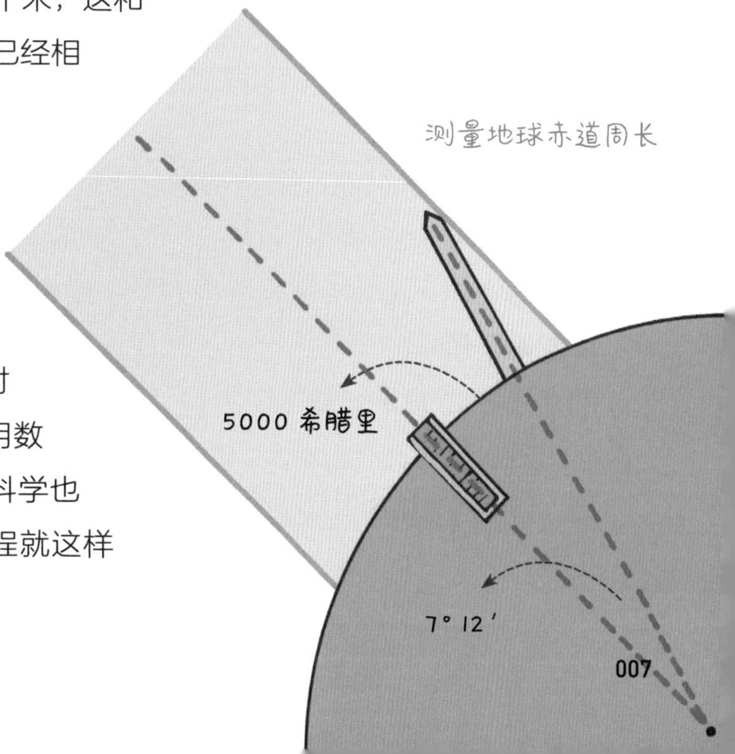

测量地球赤道周长

科学离不开观察和实验，而观察和实验离不开测量。有些时候，对于长度的测量可以直接进行，有些时候，则需要设计出实验，利用数学知识间接找到答案，因此科学也离不开数学。人类的科学征程就这样从测量开始了。

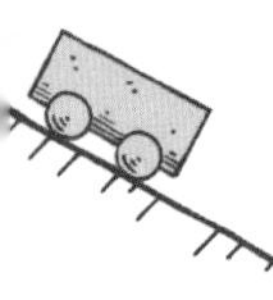

木头能浮在水面，石头会沉入水底，但为什么海绵也会沉下去，而铁船却能浮起来？说到浮力，绕不开密度，而说到密度，又要先搞清楚质量。

称出“质量”

在长度之后，人类测量的第二个物理量就是质量，也就是物体中所包含的物质的总量。

古人是如何称重的呢？首先，他们注意到，如果将一根棍子从中间吊起来，两边坠上同样质量的物体，这根棍子是平衡的。于是他们就发明了最早的天平。从古埃及墓葬中发现的《死者之书》记载，在大约公元前 1878 年，古埃及人就开始使用天平了。几乎同时期，印度河流域的古文明也出现了原始的称重工具。

古埃及的壁画记录了人类开始使用天平

对于一些质量很小、价值却很高的物品，比如黄金、白银和宝石的质量，人们会选用大小均匀的、个头比较大的豆类种子作为最小的计量单位，放在天平上称量珍贵物品的质量。例如，在地中海沿岸地区有一种十分常见的角豆的种子——克罗伯（carob seed），因为这种种子大小均匀，每颗大约是 0.2 克，而且长时间不会腐烂，所以通常被用作衡量贵重物品的质量。现代人说“2 克黄金”，而古代人会说“10 克罗伯黄金”。这种度量金银珠宝的计量单位一直沿用至今，就是今天我们所说的“克拉”（carat），克拉就是“克罗伯”的谐音。

天平在人类的科学史上具有重要的意义，很多科学发现都是建立在测量质量的基础上的，比如我们后面会提到，拉瓦锡的很多科学发现，都是依靠天平这个工具比较质量。当然，天平在商业领域的用途更为广泛，天平让人们可以根据物品的质量进行交易。比如古埃及人可以用 100 埃及尺的麻布换一小盒子谷物质量的青铜。在古代，金属比农产品贵得多。

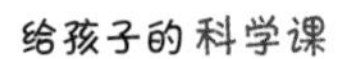

但谷物不方便携带，克罗伯种子的大小也不可能完全一致，后来，人们还是像统一长度度量单位一样，制作了一些质量统一的石质或者金属质的砝码。比如在美索不达米亚地区，人们采用被称为**谢克尔（shekel）**的小砝码作为最基本的称重单位，各个政权都会制作标准的砝码，以方便交易。由于谢克尔的质量较小，可以用金属大量制作，在做生意时直接用于支付，不再需要称量，于是它也就成了早期货币的代名词，直到今天，以色列的货币依然叫作新谢克尔。

谢克尔在当地语言里是称重的意思，1谢克尔大约相当于现在的10克。由于当地采用六十进制，比谢克尔更大的计量单位是它60倍的米纳（mina），再往上是又大了60倍的他连得。

密度与轻重

在我们的一般印象中，铁要比木头重；但如果同时拿出很大的木块与很小的铁块，那么显然前者要比后者重。两种说法都没有错误，这分别是密度与质量的对比。

铁块和木块

密度是一个与物质质量有关的物理学概念，也就是单位体积物质的质量。我们的一般印象里其实存在着“两者体积相同”的前提。早期人类并不知道密度大与质量大的区别，他们无法理解为什么体积大的木头很重，能够浮在水面；而小石子很轻，却会沉到水底。尽管如此，他们还是会有意分辨“轻的”与“重的”，在至少1万年前，人们就开始找来一些“轻”的东西，比如木头和芦苇，做成浮在水上的交通工具，帮助人们越

谁轻谁重？

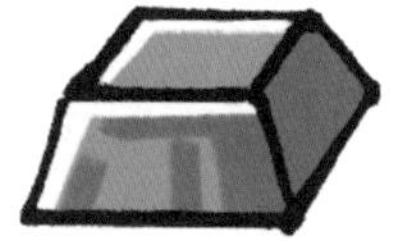

过河流，甚至很宽阔的海洋。今天发现的最早的船是新石器时代的独木舟，距今已经有 1 万年了。那时，人们还会用芦苇编造船或筏子。

尽管造出了这些像模像样的船，但不懂得浮力原理的人们仍然有很多解释不了的问题。例如，为什么船装的货物太多就会沉没？为什么铁块会沉入水底，铁做的船却可以漂在水上？乘坐这些船或许需要不小的勇气。

发现浮力奥秘的人是古希腊的伟大科学家——**阿基米德**。

人类利用浮力航行

尤里卡

阿基米德生活在希腊化时代西西里岛的叙拉古，他是古代世界最伟大的科学家，并且与牛顿和高斯一道，被称为历史上最伟大的三位数学家。在阿基米德诸多的科学发现中，最出名的当数浮力定律。

据说，当时西西里岛上的国王希伦二世请金匠打造了一顶纯金王冠，王冠完成以后，国王得到密报，说金匠偷走了一些黄金，并且在王冠中掺入了白银。从质量上来看，王冠和之前国王给出的黄金一样重，似乎看不出什么问题，但国王内心的疑虑没有放下，便请阿基米德来鉴定一番。

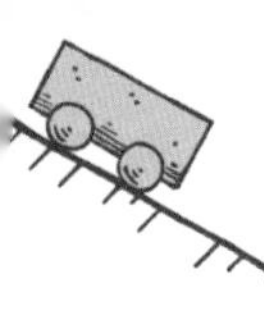

在科学领域，阿基米德量化地描述了杠杆原理，利用杠杆和滑轮制造出很多机械；在天文学领域，阿基米德曾运用水力制作了一座天象仪，球面上有日、月、星辰（包括五大行星），这个天象仪能够预测发生月食、日食的时间；晚年的阿基米德开始怀疑地心说，并猜想日心说可能更合理……

接到这个任务后，阿基米德思考了很久，却一直没有好方法。直到有一天，他在洗澡的时候发现，当他进入放满水的浴盆时，水溢出来了，于是他灵机一动，自己身体排出的水量不就等于自己的体积吗？如果将王冠放入水中，看看排出多少水，就知道它的体积了。如果王冠排出的水比同等质量的黄金更多，这就表示其中掺了白银，因为整个王冠的密度降低了。

想到这里，阿基米德一下子从浴盆里跳了出来，光着身子向王宫跑去，边跑边喊：“尤里卡，尤里卡！”这是希腊语“发现了”的意思。经过实验，阿基米德发现王冠中确实含有白银，于是他揭穿了金匠的舞弊诡计。

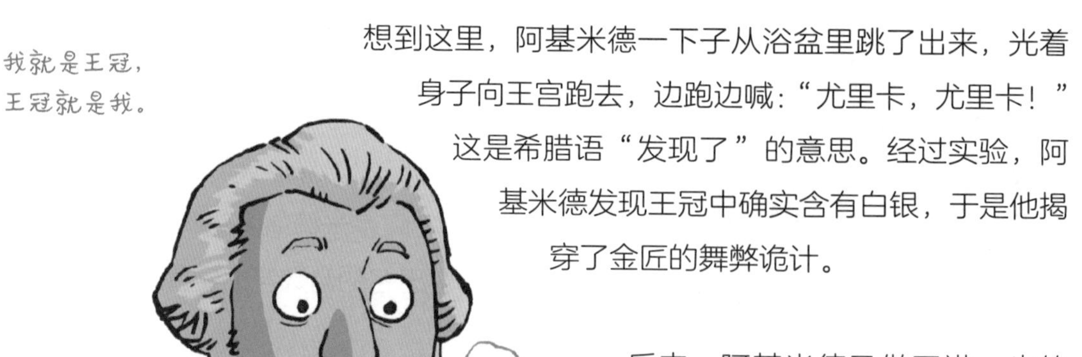

后来，阿基米德又做了进一步的研究，总结出了浮力定律，并且写了《论浮体》一书。阿

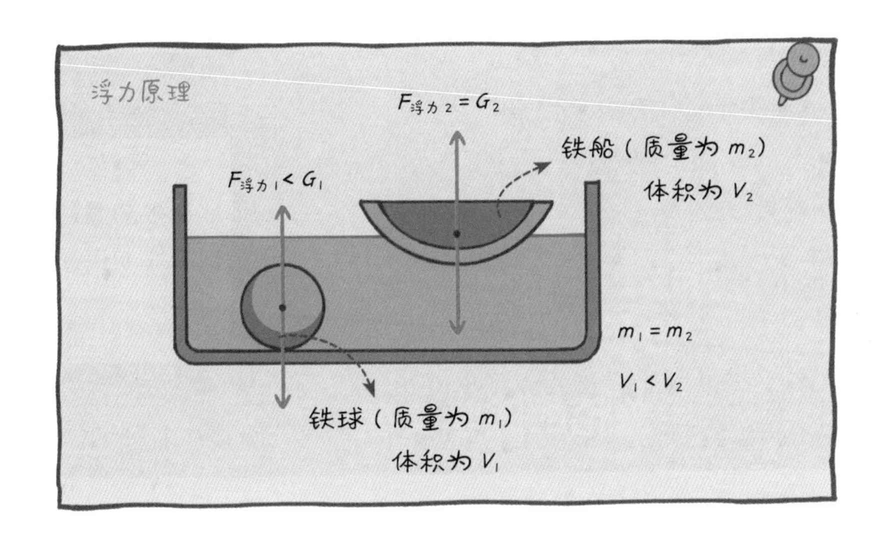

基米德认为，物体在静止流体中所受的浮力，等于物体所排开的流体的重量。这就从根本上解释了为什么有些物体能浮在水面上，有些物体则会沉下去。如果我们将铁制成实心的铁块，那么它排开的水很少，受到的浮力就小，所以就会沉没；而如果我们将相同质量的铁制成船的凹陷形状，除了铁片本身，一部分空气其实也被动参与了“排水”，使铁船排水的量变多了，所以受到的浮力更大，也就能够浮在水面上了。

聪明的头脑、细心的观察、积极的探索，阿基米德发现的浮力定律为人类的远航事业做出了极大的贡献。如果你也能留心生活中的点滴，不放过每个灵机一动的想法，或许许多看似困难的问题都可以迎刃而解。

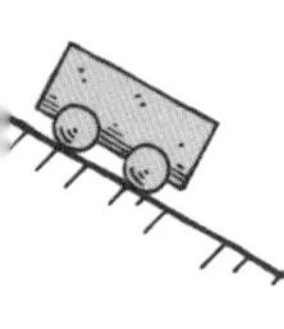

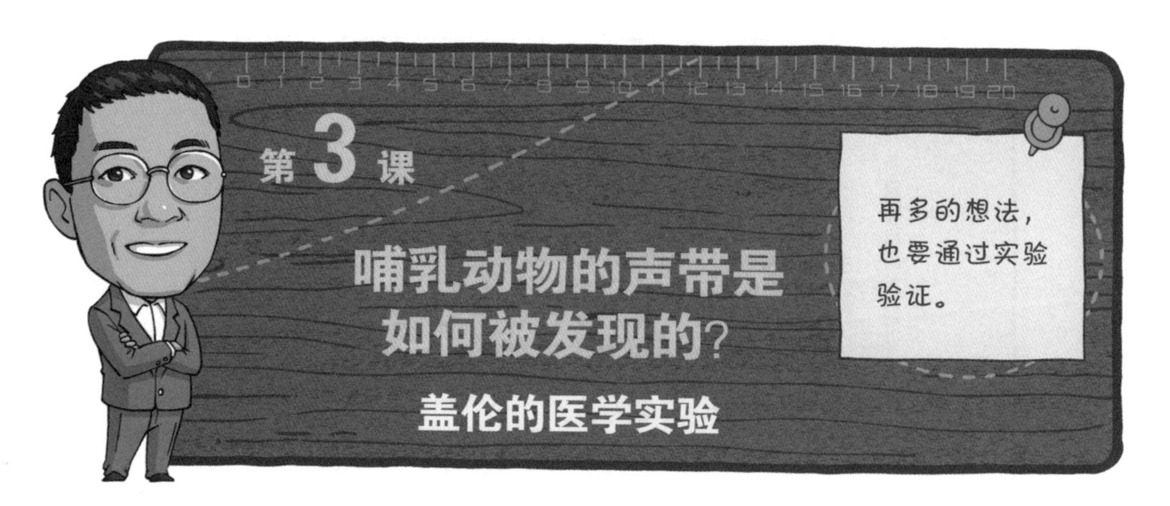

第3课 哺乳动物的声带是如何被发现的？

盖伦的医学实验

如今，我们在医院看到的医生往往都是一身白大褂，脖子上挂着听诊器，但是古代的医生是什么样子的呢？他们的治疗手段和现在有什么不同？

如果你生活在古希腊时期，万一哪天感到身体不适，那可就糟糕了，因为你永远不知道来为你看病的人是什么身份。他可能是医生，可能是巫师，甚至可能是哲学家。治疗手段也是千奇百怪，他往往依靠自己并不丰富的经验行事。

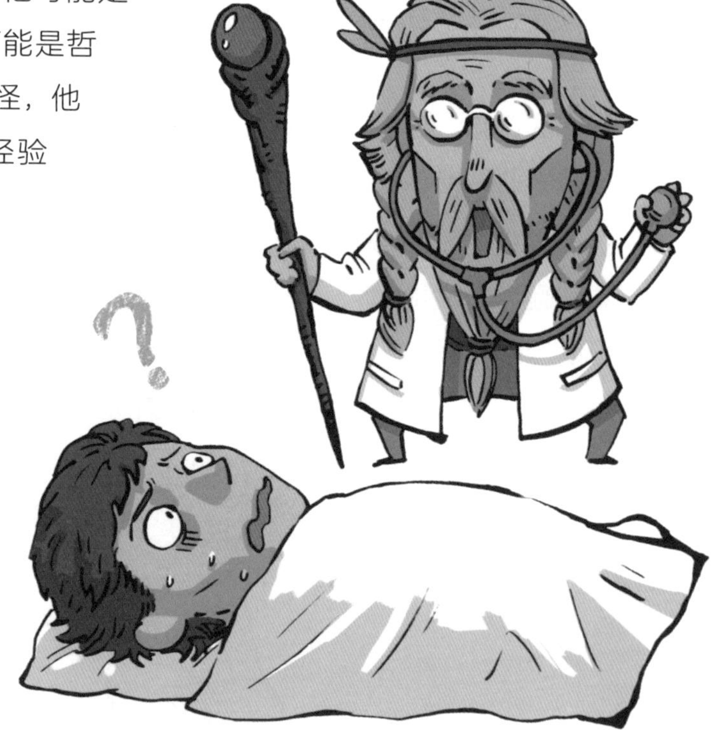

经验还是逻辑？

古希腊时期散发出了人类理性的光芒，关于经验和逻辑的讨论从很久之前开始了。如何获得有关自然界和人本身的知识呢？

柏拉图就认为，要靠人的理性获得知识。他认为存在两个世界，一个是抽象的理念世界，另一个是我们看到的现实世界，而现实世界只是理念世界的一个影像，因此我们看到的很多现象未必是真实的。

令人产生错觉的条纹

试看右上角这幅图，中间条纹各处的亮度其实是一致的，当你挡住周边底色，只看这个条纹，就可以发现了。但是因为背景的明暗不同，直接看整幅图，中间条纹左边就会显得亮，而右边显得暗。

可见，人的观察不完全准确。柏拉图的思想影响深远，近代的思想家笛卡儿等人受其影响，发展出理性主义的科学方法，但那是近两千年后的事了。在当时，另一派人仍坚持要从经验出发获得知识，后人称他们为经验主义者，他们也为科学的进步做出了贡献。

古希腊的临床医学之父

古希腊经验主义的先驱是一批医生，他们拒绝遵守当时的教条理论，而是更愿意相信自己在行医过程中所看到的现象，然后从现象出发提出假设，总结规律。今天，英语中的 empirical（经验主义的），最初就特指这样一些古希腊医生，而其中的代表人物则是古希腊的医学之父——**希波克拉底**。

在希波克拉底之前，医术、巫术甚至哲学是混为一谈的。巫医靠迷信手段给人治病，由于这会产生一些心理安慰作用，有时也能碰巧帮助病人康复。但是巫医存在两个大问题：一是成功的结果不可重复，纯属偶然；二是治疗结果无法用逻辑来解释，所有的解释全是迷信。

而在今天，科学研究有两个非常基本的原则：一是过程及结果必须是可重复的，比如你在某个条件下得到了一个实验结果，而别人换一个地方来做这个实验，只要条件相同，结果就必须相同；二是结果能够被解释。

> 今天关于希波克拉底的记载并不多，我们只知道他出生于约公元前460年，死于公元前377年，生活在古希腊的黄金时代——伯里克利时代。如果记载是准确的，那么算来他享年83岁，在当时是极为高寿的。

但是有些时候，现有的知识不足以解释看到的现象，比如古人看到石头被抛向天空又落到地上，就不知道该如何解释。对于这些现象，科学研究者会提出一些假说来解释。这些假说很可能是错的，但是没有关系，只要它们能自洽，能经得起已知事实的检验，就是开展科学研究的第一步。

古希腊人就认为，世界是由**土**、**水**、**气**、**火**四种元素组成的，相同的元素喜欢聚集在一起，地上有土和水，石头是由土构成的，因此石头被抛向天空又会落到地上；同样的道理，水被泼向天空也会落下，而气和火就不会落到地上。现在看来，这个解释显然是错的，但没关系，因为人类历史上所发现的大部分科学结论都是存在缺陷的。在科学上，错误的假说并不可怕，可怕的是把错误的结论当作教条来坚持。

四元素说

希波克拉底的伟大之处在于，他抛弃了那些无法验证的，事实上也是错误的医学教条，选择通过观察记录的方式总结医学规律。他和他所代表的那一派医生要求医师做好记录，记录诊疗过程中使用或发明的治疗方法，然后将这些宝贵的资料留给后人，作为其他医师的参考。

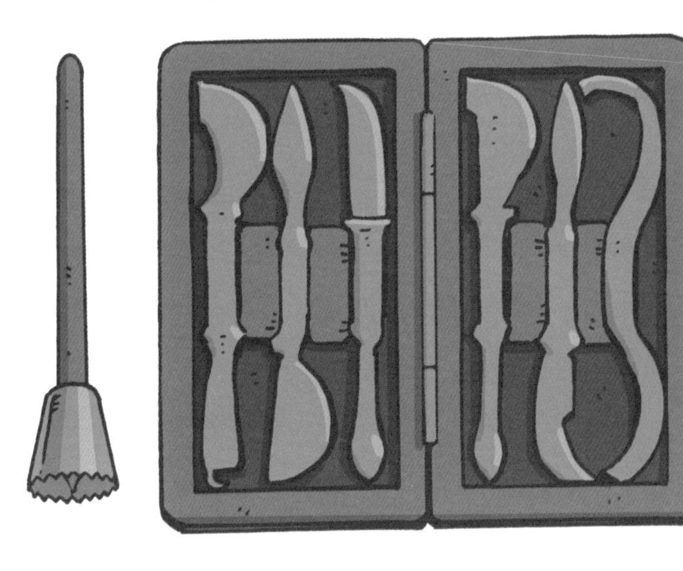
古希腊医生使用的外科手术工具

希波克拉底本人则认真而完整地记录了疾病的症状，比如病人的气色、脉搏、体温（如发热）、疼痛，以及排泄情况，甚至还了解和记录病人的家庭环境及家族病史。根据《医学史》一书的记载，对于希波克拉底而言，先有临床检测和医学实践，然后才有医学。因此西方人更倾向于称希波克拉底为“临床医学之父”，而非广义的“医学之父”。

在希波克拉底之后，西方传统医学逐渐发展起来，医生们总结出一些有效的治疗方法。不过，古希腊的医学成就还是非常有限的，他们并不清楚这些方法为什么行之有效。除了当时整体科学水平不高，主要原因是缺乏实验。

西方的“医圣”盖伦

盖伦是古罗马时期一位了不起的医生，早年曾在角斗学校行医三四年。他在给受伤的角斗士治疗时，有机会了解人体的结构，后来他称这段治疗是“进入身体的窗户”。

中年之后，盖伦来到罗马。在行医的同时，他还引导学生，一起做各种解剖实验，并且写了很多医学著作。于是他成了罗马城最有名的医生，并且担任了当时的罗马皇帝——“五贤帝”之一马可·奥勒留的宫廷医生。

和之前的医生不同的是，盖伦并不满足于总结规律，而要通过实验搞清楚规律背后的原因。因此，他不仅记录了几乎全部的行医过程，做了详尽的分析和总结，还通过解剖学实验，了解人的生理结构，提出自己的医学理论。

盖伦也是最早通过实验的方法研究医学的人之一。他认为人体的每一部分都有功能，要通过解剖找到器官和功能的对应关系。在那个时代，解剖尸体是被禁止的，因此盖伦只能带着他的学生从外部观察。为了更仔细地了解人体内部的结构，盖伦用和人类相似度较高的猴子做解剖实验，研究了肾的功能和脊椎的作用。

盖伦最著名的实验是发现哺乳动物声带的实验。在解剖猪的时候，猪会发出尖叫，盖伦切断了猪的喉返神经或是声带，猪就不尖叫了，因此，盖伦发现这些部分和发声有关。随后盖伦进行了进一步的实验，他用风箱给死去动物的肺充

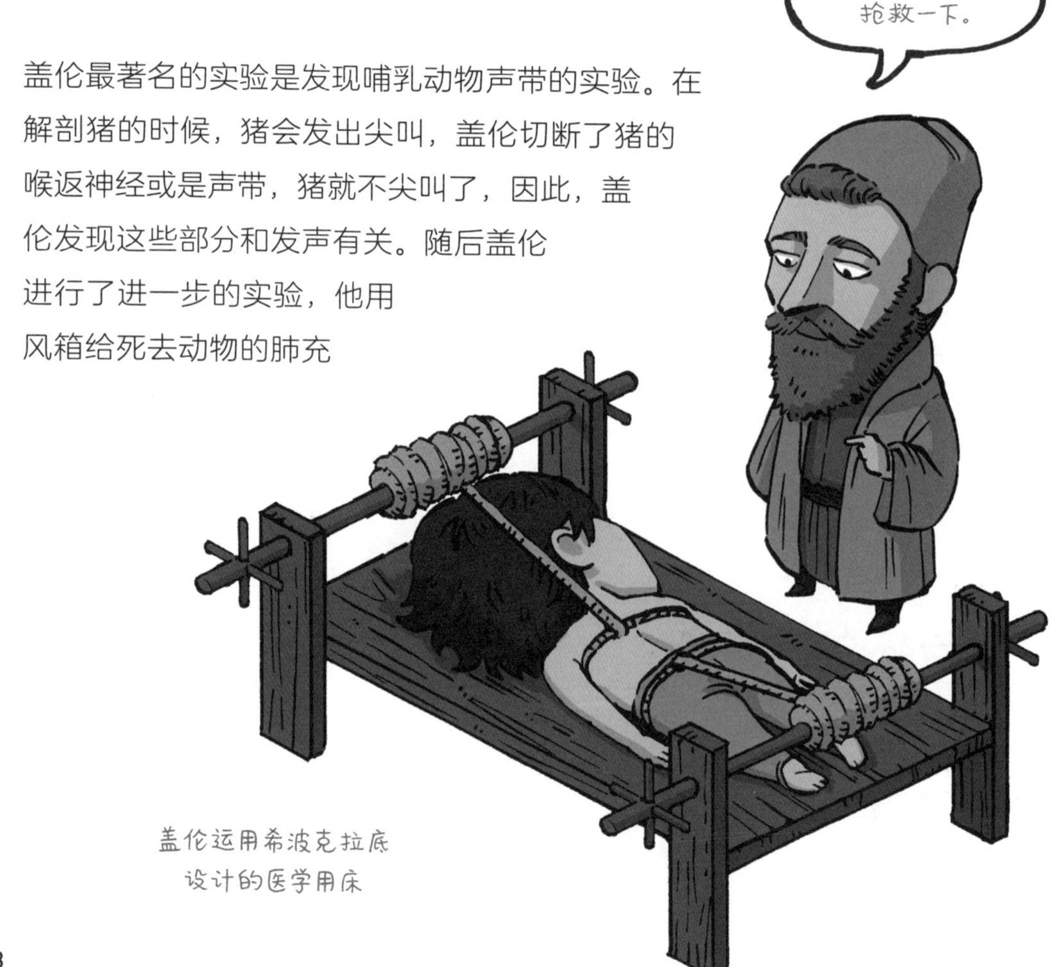

盖伦运用希波克拉底设计的医学用床

虽然盖伦的绝大部分手稿都已经遗失了，但是保存下来的手稿依然有足足300万字。19世纪初，德国将他的著作整理出版，全套著作足足有2万页，厚厚的22本，仅索引就有676页。

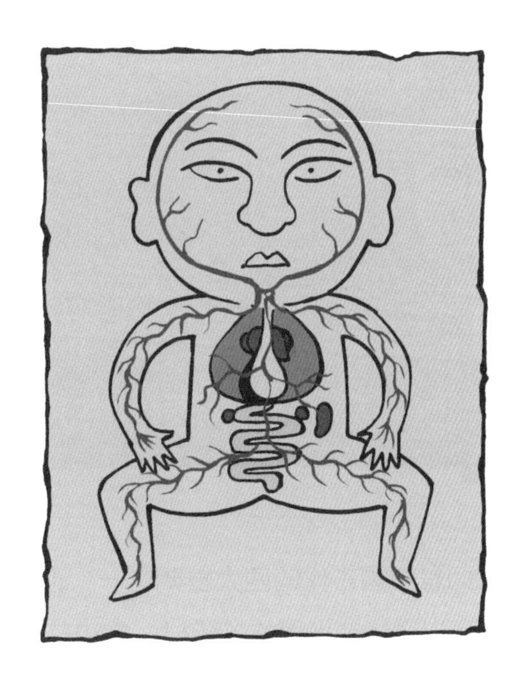

盖伦绘制的人体器官图

气，当空气经过声带时就发出了声音，从而证明了声带是发声器官。同时，通过对动物神经系统的研究，盖伦发现了动物发声是由大脑控制，通过神经传输给声带然后发声的。

盖伦对医学的主要贡献之一是对循环系统的研究。在盖伦之前，人们认为动脉携带氧气而不是血液。通过动物解剖，盖伦发现暗红色的静脉血和亮红色的动脉血之间存在明显差异。不过，盖伦给出的解释却是错误的。他认为静脉血从肝脏中产生，流入心脏，而后在肺中吸收氧气，变成动脉血流向全身。这个错误的理论一直统治着西方医学界，直到后来被维萨里和哈维纠正。

盖伦等人通过自己的行医实践和对解剖学的研究，开创了实验科学的先河。直到今天，医学依然是非常依赖经验的学科，而几乎所有的医学发现都依赖实验，这样的传统正是源于古希腊和古罗马时期。

火药是中国古代的四大发明之一，但从字面上看，“火药”这个词，仿佛是一种可以燃烧或者爆炸的药材，它和药有什么关系？它是怎么被发明出来的呢？

火药改变了这个世界，但你不一定会希望成为那个本想制药却意外做出火药的倒霉蛋。

“炼金术”or“炼丹术”？

你一定听说过“炼金术”。炼金术在今天的口碑并不好，属于人们眼中的“伪科学”。但炼金术也并非一无是处，一些重要的古代发明就源于炼金术，而到了近代，它通过科学的方法脱胎换骨，成了今天的化学。

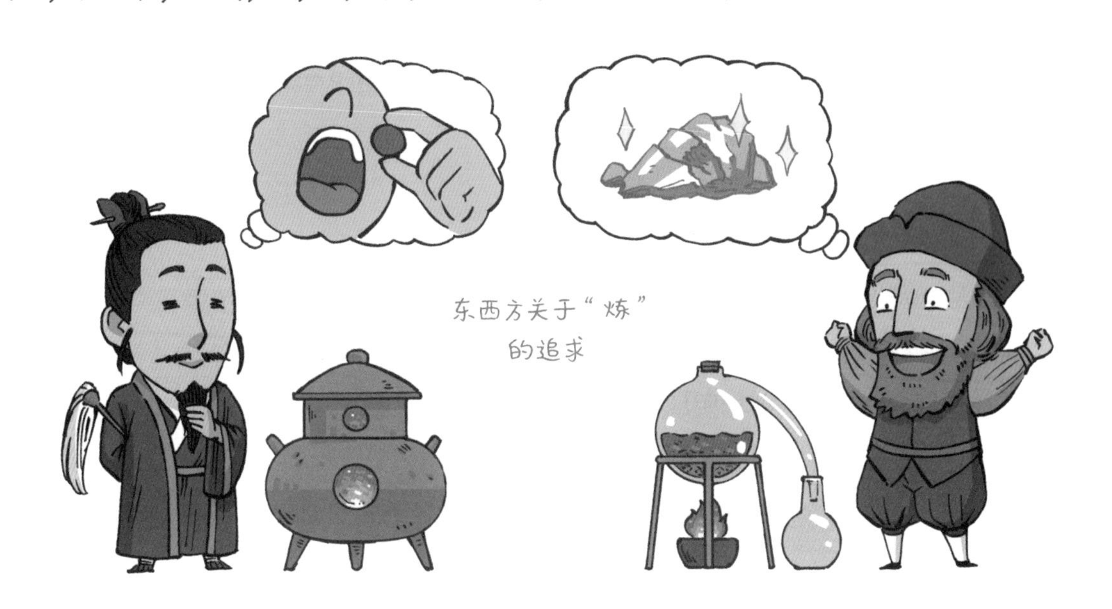

虽然各个文明都发展了自己的炼金术，但是在东方和西方（包括中东地区的阿拉伯世界），炼金术的定位并不相同。在中国，它以制造万灵药和长生不老药为目的，因此它也被称为“炼丹术”；而在西方，炼金的目的是将廉价的金属变成贵重的黄金。

炼丹的小课堂

锻——长时间高温加热
炼——加热
炙——局部加热
熔——熔化
抽——蒸馏
飞——升华
伏——加热使药物发生化学变化，降低毒性

中国最早的炼丹实验可以追溯到先秦时期。《汉书・刘向传》记载，淮南王刘安在他的《枕中鸿宝苑秘书》中说，战国时的邹衍炼出了“重道延命方”；在《战国策》中，也记载了方士向楚王献长生不老药的故事；至于秦始皇四海求“仙药”的故事更是家喻户晓。因此，中国的炼丹术在先秦时期就已经形成气候。

在炼丹的过程中，术士们总结出一系列实验方法，能够把一种物质变成另一种物质，或者把几种物质混合起来，经过处理后得到新的物质。比如术士们发现，将丹砂（红色的硫化汞）加热，就会产生一些亮晶晶滚动的液态小球（其实就是水银）。当然，很多术士并不知道水银有毒，觉得水银亮晶晶的，像是传说中的仙丹，这种剧毒之物自然是谁吃谁倒霉，中国历史上就有不少吃了仙丹而死掉的王公贵胄。

生活中可以见到的燃烧现象，其本质上是一种化学反应——氧化还原反应。氧化还原反应需要氧化剂和还原剂，我们最熟知"燃烧需要氧气"，其实就是因为氧气是最常见的氧化剂。铁在氧气中可以燃烧，在氯气中也可以燃烧。铁就是还原剂，而氧气和氯气都是氧化剂。

火药悄然出现

在术士们常用的实验方法中，"伏"这种方法很重要，从字面上理解，"伏"就是降伏的意思，因为术士们做实验得到的产物常常含有剧毒，食用之后会伤害身体，所以他们就希望加上一些中和毒性的物质，加热后把毒性降伏住。有时，他们会将一些易燃的物质和一些强氧化剂混在一起加热，这样就会迅速起火，甚至爆炸。

宋代笔记小说《太平广记》一书记载，在隋朝，有一个叫杜子春的人去拜访一位炼丹术士。半夜时分，杜子春突然听到轰隆一声响，从梦中惊醒，看见炼丹炉内有紫烟冒出，飘到房顶，把屋子烧着了。从《太平广记》的描述来看，那位炼丹术士可能是在无意中配制出了爆炸物。

今天我们知道的最早关于火药实验的确切记载，是在初唐孙思邈所著的《丹经内伏硫黄法》一书的记载：把硫黄、硝石各二两，研成粉末，放在冶炼金属的坩埚或者陶罐里，放到土里，埚口或罐

孙思邈记录"伏火"

口略高于地面，四面用土填实。然后把三个干皂角点燃放进埚里（或罐里），硫黄和硝石就会烧起焰火。等到焰火灭了，再加入木炭来炒，最后将剩下的混合物取出做药，这个过程就叫作“伏火”。

当时火炮和火枪的射程非常有限，在战场上的实际作用还比不上弓箭。今天发现的最早的金属大炮（铜火铳）是元朝时期制作的，大约出现在1332年。

在唐朝，很多炼丹术士都发现了硝石、硫黄和含有碳的植物放在一起炼烧会产生烟火甚至爆炸的现象。比如唐朝中期就有一位叫作清虚子的炼丹术士，他用硝石、硫黄及马兜铃（含碳）一起烧炼，得到了类似火药的物质。不过，清虚子的出发点是用硫黄和马兜铃消除硝石的副作用，因此称为“伏火矾法”。上述配方被记录在《太上圣祖金丹秘诀》中，清虚子还给出了硝石、硫黄和马兜铃具体的配比，即硝石、硫黄各二两，马兜铃三钱半。另外，在一本叫作《真元妙道要略》的炼丹书中，记载了用硫黄、硝石、雄黄和蜜一起炼丹发生爆炸的事情，把人的脸和手都烧坏了，火焰还直冲屋顶，把房子也烧了。由于含有**硝石、硫黄和碳**的配方的药物容易着火，炼丹术士们称之为“火药”。尽管知道了火药可以产生燃烧甚至爆炸效果，但最初炼制火药并不是为了用于军事，而真的是为了发明药物。由于火药中的硫黄成分可以治疗皮肤病，可以杀虫，而木炭屑可以吸附水分，因此古代人用它治疮癣，杀虫，辟湿气和瘟疫，这些在《本草纲目》中都有记载。

要升仙还是要征服？

不过，由于火药不能解决长生不老的问题，又容易着火，渐渐地，炼丹的术士们对它就失去了兴趣，而军事家则看到火药爆炸的威力，开始在战争中使用火药。根据李约瑟的说法，中国在五代时期就首次将火药用于战争。到南宋时期，寿春县（今安徽寿县）有人发明了竹筒火枪。后来，有人发明了铜铁制成的火枪。

火药传入欧洲

火药的成分配比

在蒙古人西征时期，火药被阿拉伯人传入欧洲。在那里，火药的配方得到了改进。13 世纪英国著名的自然哲学家罗杰·培根等人，详细试验了火药的配比和功效，并且将结果记录了下来。最终，欧洲人确立了“75%的硝石、10%的硫黄、15%的木炭”的火药最佳配比。

火药传入欧洲后，很快就被用于军事。1333 年，英军攻打苏格兰，就使用了火药。不过当时的火药并不能炸毁城墙，而是用在抛石机中投掷石头。1346 年，在英法百年战争中，英国人使用火炮吓唬法国军队。但是，由于当时火炮的实战效果不佳，而英国的长弓又非常厉害，于是英国人就放弃了火炮。

火炮在战场的应用

结果，被英国长弓手打得抬不起头的法国人，反而把希望寄托在这种新武器上，对火炮不断改进。到了百年战争后期，法军通过火炮逆转了局势，在一年内轰塌了英军的 70 多座要塞，并且在最后决定性的库米尼战役中几乎全歼了英军，打赢了百年战争。此后，欧洲各国都开始用火器取代冷兵器，世界进入了热兵器时代。

过去，很多人把中国人发明火药看成偶然，这种看法并不准确，古代中国人发明火药有很大的必然性。首先，中国的炼金术士讲究用一种药物降伏另一种药物的毒性，这其实包含了后来化学中的“中和”思想。有毒硫黄是还原剂，因此术士们找到了用强氧化剂硝石来中和，尽管在当时他们并不知道这两种物质的化学性质。其次，在各国的术士中，只有中国的炼丹术士经常使用硝石，因为硝石在中国的分布非常广泛。而在当时科学也非常发达的阿拉伯地区，炼金术士并不使用硝石，他们见到硝石粉末后，称之为“中国的雪”。这样，当地的科学家和炼金术士也就错过了发明火药的机会。

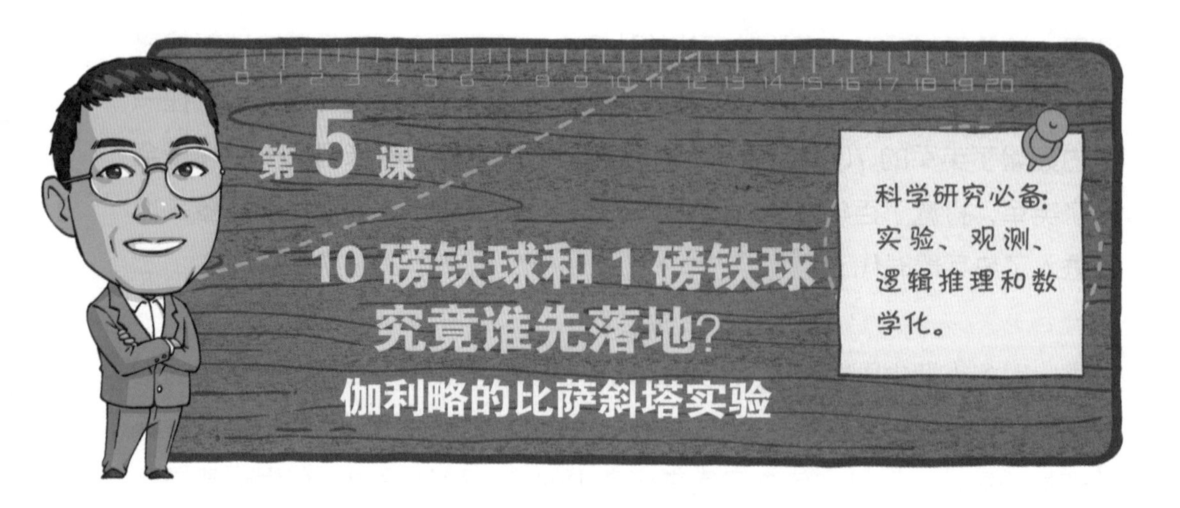

"1 斤棉花和 1 斤铁谁更重?"你可能瞬间就能说出正确答案。但是如果问你"在同一高度扔下两个铁球,一个 10 磅(约 4.5 千克),一个 1 磅(约 0.45 千克),谁会先落地",答案可能就没这么简单了。

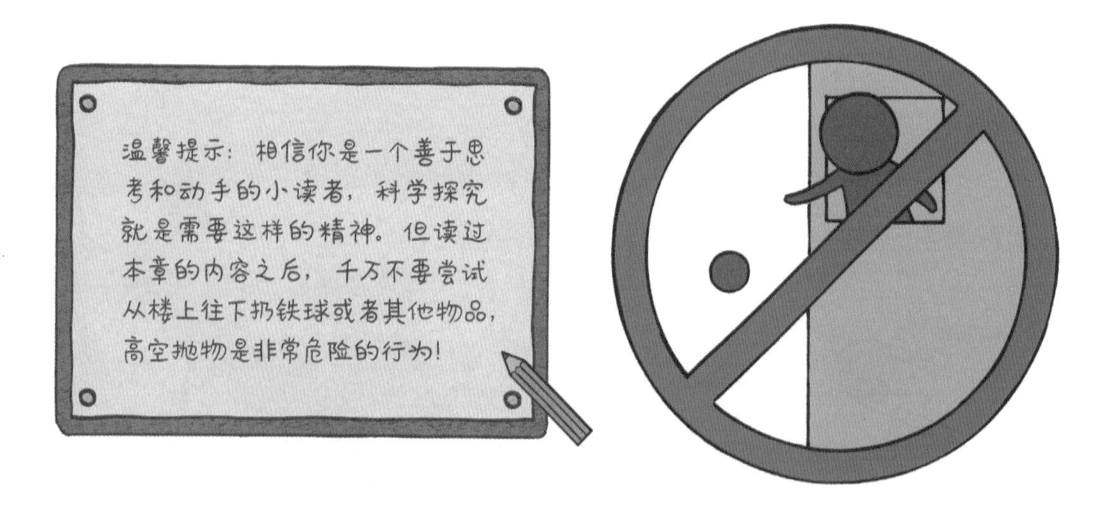

勇敢的质疑者:比萨斜塔实验

1564 年,**伽利略**出生于意大利比萨,那里当时还是佛罗伦萨共和国的一部分。伽利略的父亲是位音乐家,他希望自己的这个孩子成为医生。但是伽利略在旁听了几何课之后，就希望父亲准许他改变方向，学习数学与自然哲学。父亲虽不情愿，但还是答应了他，伽利略从此走上了科学的道路。

毕业后，伽利略被任命为比萨大学数学系主任，后来又在帕多瓦大学教授几何、机械和天文。在这段时间，伽利略在基础科学（比如力学和天文学）与应用科学（比如望远镜的改良）上都有重大突破。他研究了力和运动的关系，在比萨斜塔上做了“两个质量不同的铁球同时落地”的著名实验，推翻了亚里士多德的旧有观点。这个故事在全世界广为人知，并且一度写进了中国的小学课本。

是什么促使伽利略做这个实验呢？答案是逻辑。在此之前，人们笃信亚里士多德的观点，即“重的物体下落的速度比轻的物体快”。而伽利略想，按照亚里士多德的理论，11 磅（约 4.99 千克）铁球下降的速度应该比 10 磅的更快，因此将一个 10 磅铁球和一个 1 磅铁球绑在一起，两个铁球的质量就是 11 磅，显然它比 10 磅铁球

两个铁球同时落地

重，应该下降得更快。但是另一方面，因为 1 磅铁球下降的速度比 10 磅的慢，所以会拖 10 磅铁球的后腿，绑在一起后，两个铁球下降的速度会比 10 磅铁球更慢，这就和前面的猜想矛盾了。在这个世界上，任何理论如果和逻辑发生矛盾，错的一定是理论。

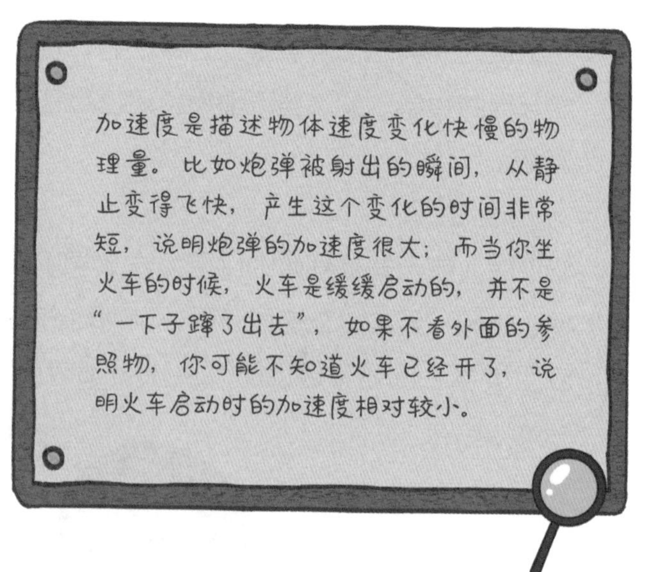
加速度是描述物体速度变化快慢的物理量。比如炮弹被射出的瞬间，从静止变得飞快，产生这个变化的时间非常短，说明炮弹的加速度很大；而当你坐火车的时候，火车是缓缓启动的，并不是“一下子蹿了出去”，如果不看外面的参照物，你可能不知道火车已经开了，说明火车启动时的加速度相对较小。

伽利略的学生维维亚尼后来所写的《伽利略生平的历史故事》（1717 年版）一书记载，1590 年，伽利略在意大利的比萨斜塔上做了自由落体实验，他在这个 50 多米高的塔上，同时脱手两个铁球时，一个 10 磅，另一个 1 磅，结果两个铁球同时落地，从而证明了亚里士多德的说法是错的。

至于为什么羽毛落地要比铁球慢，那是因为空气的阻力支撑着密度很小的羽毛，减缓了重力所产生的加速度，而铁球密度大，空气阻力对它没有什么影响。1971 年，“阿波罗 15 号”宇航员在月球上同时丢下猎鹰的羽毛与铁锤，证明伽利略的理论正确。

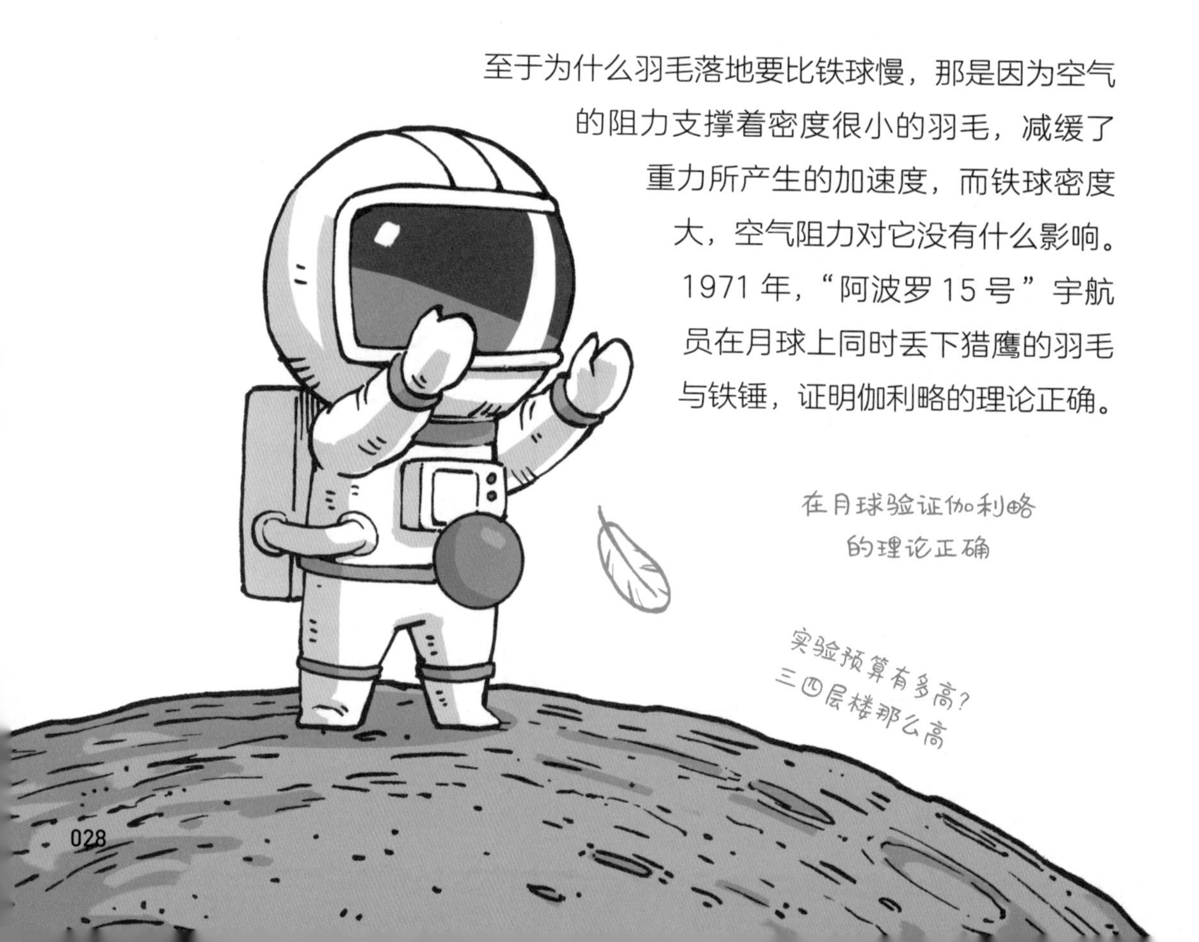

经过大量的实验，伽利略又得到了一个惊人的结论：自由落体下降的速度会越来越快。因此，同样的时间内，物体走过的距离会越来越长。在此之前，亚里士多德曾经预言，物体下降的速度是均匀不变的，外力只是维持物体的运动速度。

进一步探索：加速度实验

为了证实自己的想法，伽利略设计了一个非常精妙的实验。他制作了一个大约 6 米长的木槽斜坡，让光滑的铜球从斜坡上滚下。伽利略把斜坡的坡度调整得非常缓，因此铜球滚动的速度比较慢，这样就便于进行实验观察和测量了。由于铜球和木槽都很光滑，我们可以把摩擦力忽略不计，铜球的重力是促使它滚动的唯一动力。为了计时，伽利略用了水钟，这是当时他能找到的最准确的计时工具了。

如果亚里士多德的理论是正确的，那么铜球滚动的速度应该是均匀的，2 倍的时间滚动的距离就是 2 倍，3 倍的时间滚动的距离就是 3 倍。伽利略经过实验发现，铜球滚动的距离和时间的平方成正比。也就是说，在 2 倍的时间里，铜球滚动了 4 倍的距离；在 3 倍的时间里，它滚动了 9 倍的距离。从这个结果来看，铜球滚动的速度不仅是不断增加的，而且加速度是恒定的，这就是我们今天所说的匀加速运动。

随后，伽利略增加斜坡的坡度，铜球会滚得更快，但是滚动距离和时间平方之间的关系没有改变。于是伽利略指出，如果把坡度不断增加，最后增加到 90 度，也就是让球做自由落体运动，球走过的距离依然和时间的平方成正比，且会越来越快。因此，伽利略得到一个新的结论：外力不是维持物体运动速度的原因，而是改变物体运动状态的原因。

更深的思考：假想实验

伽利略没有停下思考的步伐。他在想，如果没有外力作用，物体运动是否会停下来呢？为了找到答案，伽利略又设计了一个假想实验。

如果有一个表面光滑的碗状斜坡，铜球从斜坡的一头静止滚下，假如没有摩擦力，它必定到达斜坡另一头同样的高度。如果这个斜坡高度不变，左右拉长，铜球还是会沿着斜坡下滑，然后滑到另一头同样的高度。在最极端的情况下，斜坡无限拉长，中间变得平缓，铜球就会从斜坡一头滚下来，然后一直沿着水平面滚动，除非在另一头有一个斜坡让它回到原来的高度。在整个水平滚动的过程中，铜球并不受力，但却保持了运动速度。是不是可以这样设想，在水平面上运动的物体，如果不受外力作用，那么它将一直这样运动下去？

假想实验

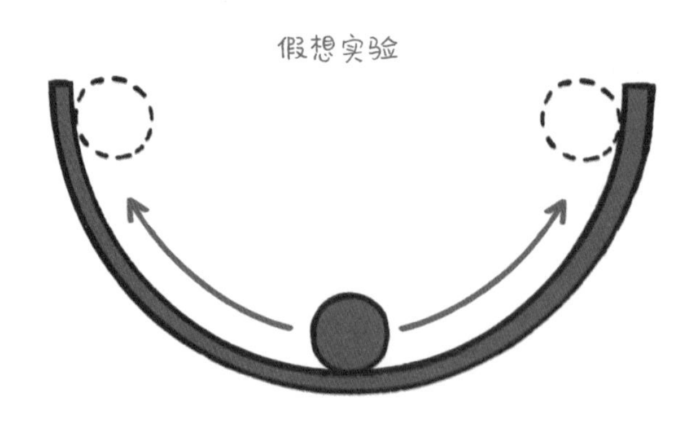

外力改变物体的运动状态

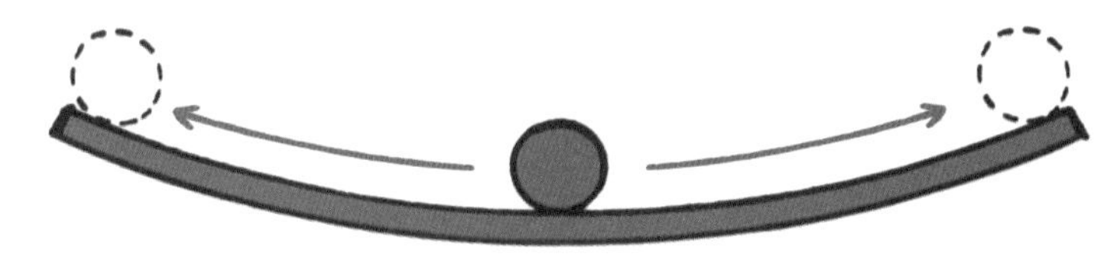

当然，伽利略不可能做出一个没有阻力且无限长的斜坡，但这个思想实验基于前面的真实斜坡实验，在逻辑上合情合理。于是伽利略得出一个结论，就是物体运动本身并不需要外力的帮助，外力只是改变了物体的运动状态。

实验科学研究方法

逻辑推理
数学化
实验
新实验？
观测

后来牛顿提出古典力学的三定律（也被称为牛顿三定律），就是受到了伽利略研究工作的启发。

伽利略对物理学的贡献非常大，他不仅纠正了包括亚里士多德在内的前人的很多理论错误，还确定了实验科学研究的方法，即实验、观测、逻辑推理和数学化。在伽利略之前，很多自然科学的结论都是学者根据常识得到的，这些结论常常只是定性描述，而且彼此矛盾。伽利略研究自然科学的新方法，让自然科学的理论能够在一个统一的数学框架下自洽，而且能够经得起实验的检验，这就有力地促进了近代科学的发展。

第6课 古时候时间是如何被测算的？

伽利略的钟摆实验

今天，我们有手表、手机、手环……想看到时间可谓易如反掌。但在数百年前，人们还没有这些方便快捷的计时系统，对于科学实验来说，精准监控时间更是至关重要。科学家们是怎么攻克这个难关的呢？还记得我们在前文提到的水钟吗？

水钟与计时的历史

在实验科学中，时间是经常需要测量的物理量。为了准确计时，伽利略用一个大容器装了很多水，然后在容器的底部接上一根细管子，将水引入一个小

简易水钟

容器。伽利略假设水流出大容器的速度是相同的，这样，他就可以通过称量小容器中水的质量，反过来倒推出时间。

伽利略的这个计时方法是有系统性误差的，因为一开始水位比较高，水压较大，水的流速较快；后来水位降低，水的流速就会变慢，同样时间收集到的水量会比一开始少。但当时这已经是比较先进的计时方法了。

大约公元前 1500 年，古埃及人发明了日晷。由于当时人们日出而作，日入而息，天一黑通常就休息了，因此古埃及人只对白天有时间概念，天黑以后就算是时间停止了。在白天，古埃及人将日出到日落的时间分成十二等份，每一等份就是我们今天大约一个小时的时间长度。但是由于一年四季的白天时长不同，因此古埃及人的一个小时并不是一个固定的时间长度。

后来，人类开始把活动扩展到天黑以后，日晷就无法测量时间了，人们迫切需要一些不用太阳也能测量时间的工具和方法。于是各种装置就被发明出来，其中最常见的是沙漏、水钟和蜡烛，但是沙漏和水钟有一个大问题——它们只能测量固定的时间间隔，即沙子或者水流光的时间，但却无法测量过程中的某段时间。

古埃及的日晷

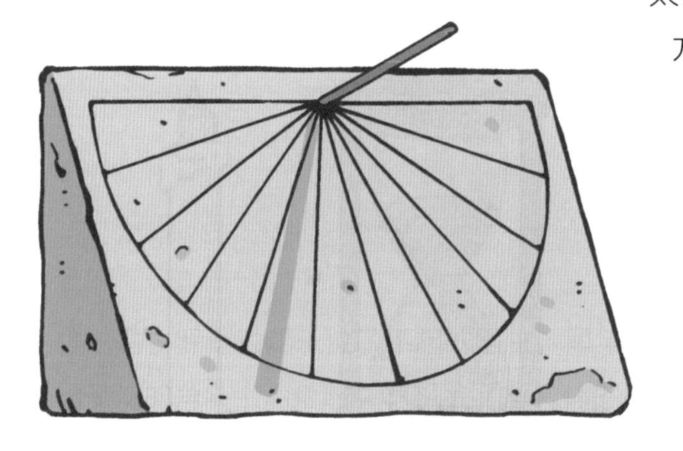

古代各种测量时间的工具，除了不准确，还不方便携带和使用。直到近代之前，普通人通常只能通过仰望天空中太阳或者月亮的位置来估计时间。在人与人相互配合的社会，人们常常需要在特定时刻做特定的事情，密切协作就需要准确计时。这就要确定时间单位。即把时间“切”成长短相等的若干份。其中最容易实现的就是对一昼夜的时间进行均匀划分。由于一年有 12 个月，人们通常也会对照着一年时间的划分方式，来划分一天的时间。在中国，一天被划分为 12 份，每份就是 1 个时辰。在西方，则是把白天和黑夜单独划分，这样就有了 24 小时。在西方，受到美索不达米亚文明六十进制的影响，一小时被划分为 60 分钟，一分钟被划分为 60 秒。在中国，则把一个时辰划分为四刻，每刻 30 分钟；或是五点，每点 24 分钟。

在古印度文明中，有独特的时间划分方式，《摩诃僧祇律》记载，一昼夜有三十须臾，一须臾有二十罗预，一罗预有二十弹指，一弹指有二十瞬，一瞬有二十念，一念也被称为刹那。我们今天常用须臾、弹指、瞬间、刹那等词语形容时间之短，但是很少有人知道它们的来源，更不知道它们的长度。其中，1 须臾 =48 分钟，1 弹指 =7.2 秒，1 瞬 =0.36 秒，1 刹那 =0.018 秒。

水钟（古希腊）、沙漏、蜡烛

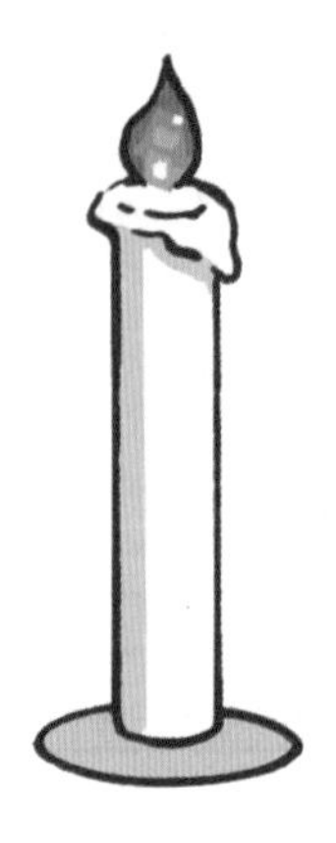

周期与单摆

伽利略观察摆动的灯

有了各种计时单位，还需要准确的计时工具，这种工具最好做往复运动，而且时间间隔固定。只有时间间隔固定，才能保证计时的准确性；只有做周期性运动，才能保证时间不断地记录下去。人们花了几千年才找到这样的东西——单摆。

有记录的最早发现单摆等现象的人是伽利略。没错，又是他。1583 年，19 岁的伽利略还在比萨大学里学医。有一次他在学校的大厅里休息，看着悬挂在天花板上的吊灯微微摆动，虽然由于空气的阻力，吊灯摆动的幅度逐渐减小，但是它每次摆动的周期，即吊灯从一个位置开始运动，又回到那个位置的时间，似乎没有改变。这一发现引起了伽利略的思考。回家后，他继续研究和实验，然后提出了单摆等时性的结论。

首先要思考的是，单摆的周期和什么因素有关。我们可以把所有可能影响到它的物理量列举出来，比如摆锤的质量、单摆的长度、一开始摆动的角度（也被称为初始角度）等。为了比较快地得到结论，我们每一次实验只改变一个物理量，让其他的物理量固定不变。比如我们可以对比质量为 20 克的摆锤和 10 克摆锤的区别，会发现单摆的周期和摆锤的质量没有关系；接下来，我们

可以把单摆的长度从 10 厘米增加到 20 厘米，会发现单摆的周期变长了。我们可以再进一步增加单摆的长度，会发现单摆的周期又变长了，但是变化不如前面那么明显。我们还可以改变初始角度，会发现只要初始角度不是太大，单摆的周期就和初始角度无关。最终，通过各种各样的实验，我们就会发现其实单摆的周期 T 只和单摆的长度 L 有关，$T=2\pi\sqrt{\frac{L}{g}}$，其中 L 是单摆的长度，g 是地球万有引力的加速度，在地球上可以看成是一个常数。它们的关系如右图所示。

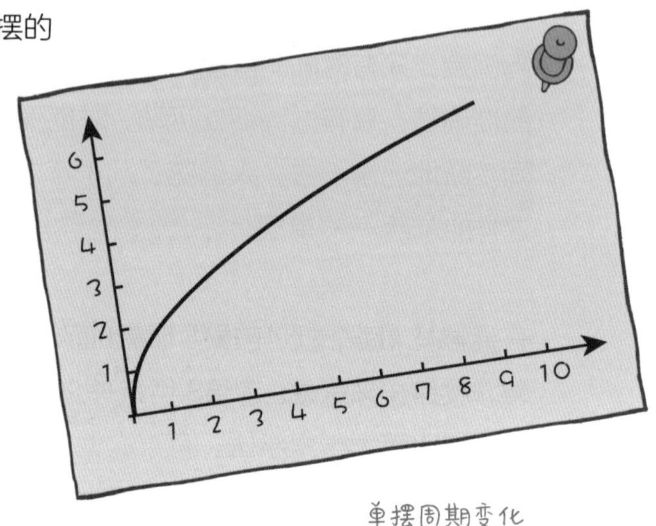

单摆周期变化

时钟的运转

由于单摆周期具有等时性，单摆就可以用来制作时钟，也就是我们所见到的钟摆。当然，从有钟摆到做出时钟并不容易，还需要增加很多其他的机械装置，其中最核心的机械装置被称为**擒纵机构**。这个机构有一个齿口向一边倾斜的特殊齿轮以及一个与钟摆相连的擒纵器，钟摆为擒纵器提供动力，让擒纵器来回运动，并且驱动那个特殊的齿轮单向匀速转动。这个齿轮再驱动其他齿轮，最终让时钟的指针匀速转动。这就是时钟的基本工作原理。

但如果单纯靠钟摆提供动力，钟摆受到空气阻力和时钟机械摩擦力的影响，很快会耗尽能量，并停下来。于是工程师们又想到了另一个方法，就是用一个缓慢下落的重物为时钟“补充能量”，当这个重物下降到最低点时，再人为地把它提上来。为什么过去的钟楼都很高、座钟都很大？因为要保证重锤能够积攒足够多的势能供时钟使用。

时钟的出现为随后的科学革命铺平了道路，同时也让人们的时间概念从过去以小时为单位细化到以分钟为单位。

早期的时钟还不太准确，而且价格昂贵，体积庞大。18 世纪初，英国出于航海时定位的需求，开始研制极为准确的航海钟，并且最终获得了成功，这让当时计时的精度提高到每天误差不超过 1 秒钟。20 世纪 60 年代，瑞士、日本和美国的钟表公司开始利用石英压电效应研发石英钟表，把钟表的精度一下子提高到每年误差在 1 秒钟以内。廉价而准确的石英钟表让这种计时工具由过去的奢侈品变成了普通电子产品。

除了科学实验以外，现在的很多场景都需要越来越精密的计时工具，例如全球定位系统（GPS）。2020 年，美国麻省理工学院研究人员利用量子纠缠现象设计出一种原子钟，它的精度达到了 1400 亿年误差 1 秒，这是迄今为止最精准的计时工具。

可以说，这些方便生活的发展，都是以伽利略的研究成果为基础的，而这些也只是他伟大贡献的一部分。著名科学家霍金更是盛赞：“自然科学的诞生要归功于伽利略。”

1642 年初，伽利略逝世了。而这一年的年底（按照旧的儒略历来说），另一位伟大的科学家——牛顿诞生了。

时钟的擒纵器和齿轮

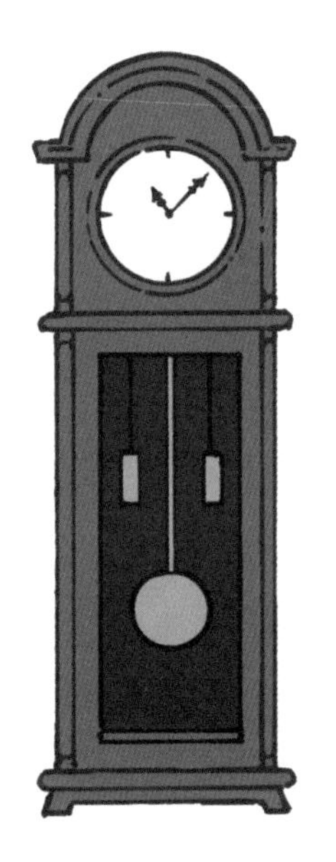

有两个重锤提供动力的古老座钟

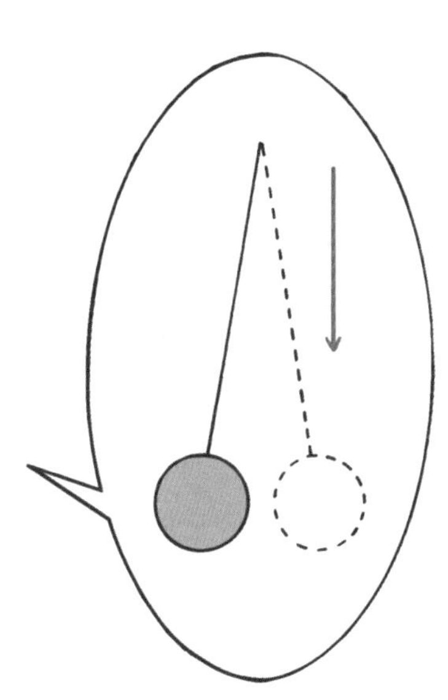

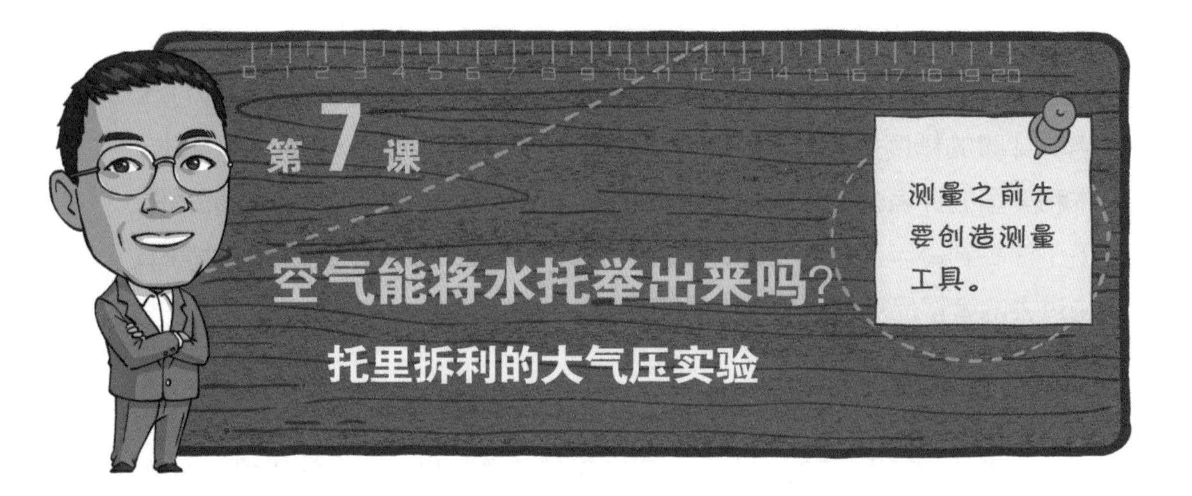

第7课

空气能将水托举出来吗？

托里拆利的大气压实验

空气看不见，也摸不着，你是如何感受到它的存在的呢？我们可以通过呼吸，还可以通过风感觉到空气的流动。从直觉上看，空气应该是轻飘飘的，而你相信它能将水托举起来吗？

风啊，
听吾号令！

感受空气的存在

大师也无奈的水泵问题

相比于自然界的其他物质，无论是固体还是液体，空气都太轻、太稀薄了。人们无法直接观察到空气，也难以了解它的性质，所以在很长的时间里，人们并不清楚空气也有质量，也会对我们产生压力。

虽然不知道空气有压力，但人们很早就开始利用空气的压力制造水泵了，历史上这样的事情比比皆是。

在中世纪，阿拉伯的工程师伊斯梅尔·贾扎里发明的一种提水机，就用到了双动抽吸泵。到 15 世纪，这项技术又传到欧洲，经过欧洲人的改进，这种泵得到了广泛应用，用于城市和矿井排水、农田灌溉或在宫殿中制造喷泉。尽管如此，欧洲人还是不明白水泵背后的物理学原理。

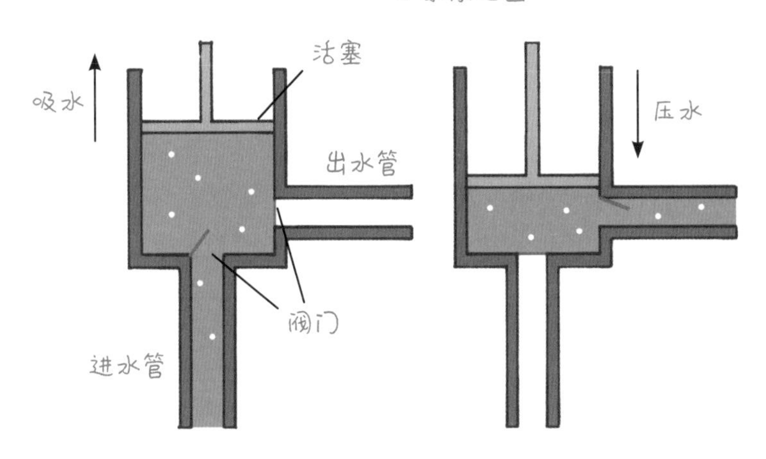

理论的缺失也导致他们遇到了无法解决的难题，在改进过程中，欧洲人发现，无论多么努力地想办法，水泵提水的高度永远不能超过10米。1635年左右，一位**美第奇**公爵筹备建造一个灌溉项目，需要解决抽水问题，于是他邀请了当时著名的科学家伽利略，研究为什么抽水高度会被限制在10米左右。

美第奇家族在历史上颇负盛名，像达·芬奇、米开朗琪罗等艺术家都曾经被这个家族资助和保护。伽利略则直接得到这位美第奇公爵的资助，可以说他们间接促成了文艺复兴和后来的科学革命。

伽利略认为，当水被提升到10米时，水泵中的水柱会因自身重量而破裂，无法维持水柱形态，所以就不可能被抽上来。这个解释相当牵强，而且也不符合常识。

几年后的1643年，伽利略的学生兼助手**托里拆利**解决了这个问题。

弥补与开拓

1608 年，托里拆利出生在法恩扎。他从小跟着叔叔一起生活，这位叔叔是一个有学问的修道士。1624 年，托里拆利被送入耶稣会学院，去学习数学和哲学。几年后，托里拆利到罗马学习科学，师从罗马大学数学教授卡斯特利，卡斯特利正是伽利略的学生。

在罗马期间，托里拆利深入研究了伽利略的著作《关于两门新科学的对话》，学到了力学原理，同时经过研究，他也发现了伽利略理论的一些错误。1641 年，托里拆利出版了《论重物的运动》一书，对伽利略的力学定律做出了修正。

在老师看来，这是个聪颖而认真的学生。于是托里拆利就被老师推荐给了自己的老师——伽利略。伽利略看完托里拆利的书之后，非常欣赏他的卓越见解，便邀请他前来佛罗伦萨给自己当助手。然而，托里拆利来到伽利略身边时，伽利略这位大师的身体状况已经非常糟糕了，终日卧床，而且双目几近失明。托里拆利作为伽利略最后的学生，担任了伽利略口述的记录者，也记录了伽利略最后的思想和生活。

伽利略去世后，在那位美第奇公爵的推荐下，托里拆利接替了伽利略的职位，担任比萨大学数学系主任，这让他有了更好的研究条件。在随后的几年里，托里拆利研究了几何学和物理学问题，他最著名的成就就是提出了大气压的理论，并且准确测定了大气压的强度。

托里拆利有句名言："我们生活在空气海洋的底部。"他认为，从原理上来讲，大气压和水压其实是一回事。一桶水的底部，会有来自水的压力，任何人在水里都会感受到水的压力，这对于大气来讲也是一样的。当时的人们早已知道，在一个装有水的 U 型管中，来自两端的压强是平衡的，因此两边的水柱一样高，否则水就会从高的一侧往低的一侧流动，直到平衡。如果我们将 U 型管一侧的水换成油，U 型管两边的压强也一定相等，但是因为油比水轻，所以灌了油的一侧，油柱会更高一些。

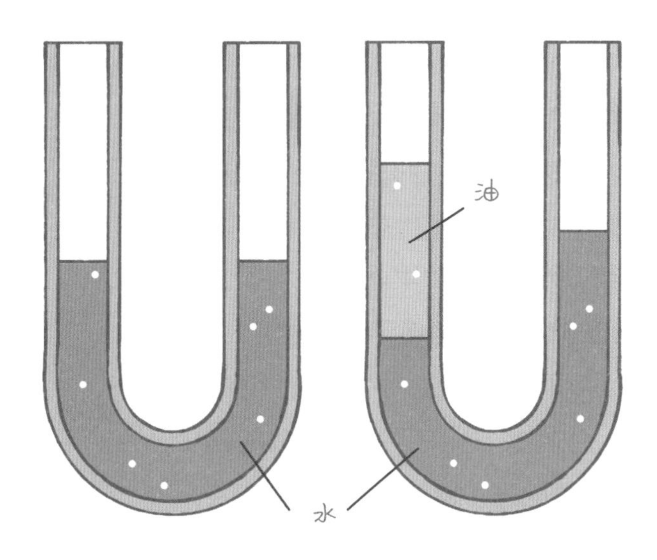

U 型管与水压

在这样的基础上，托里拆利开始了他的思考：如果 U 型管的一侧有大气压，另一侧没有大气压，那么有大气压的一侧会把液面往下压，而没有大气压的一侧液面就会比较高。泵所做的好像就是这样的事，泵之所以能抽水，就是因为它在一根管子里形成了真空，是大气压将水压了上去，提升了水的高度。由于任何泵都不能把水提升到约 10 米以上，那么能否说明，大气压大致等于 10 米水柱的压强？因为那么高的水柱产生的压强与大气压达到平衡，无法突破了。

油比水轻，所以水柱更高，那么如果选用比水更重的水银呢？想到这里，托里拆利做出了一个惊人的预测：水银比水重 13 倍，抽吸泵只能将水银提高到最大水柱高度的 1/13，大约是 76 厘米的高度。

托里拆利实验

1641 年，托里拆利设计了一个实验，来证实他的想法。他准备了一个装了水银的碗，又找到了一根足够长的、一端封闭的玻璃管，在里面装满水银。确保没有空隙后，他堵住了玻璃管开口的一端，小心翼翼地移动，然后，他将这个管子倒了过来，插在了装有水银的碗中，最后，他松开了堵住的开口。

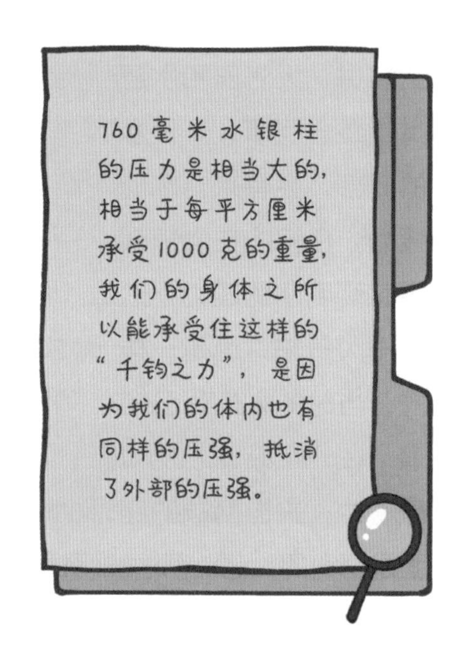

果然，玻璃管的水银柱开始往下走，在玻璃管内形成了一段真空，然后水银柱停在了大约 76 厘米的高度。也就是说，

威力强大的大气压

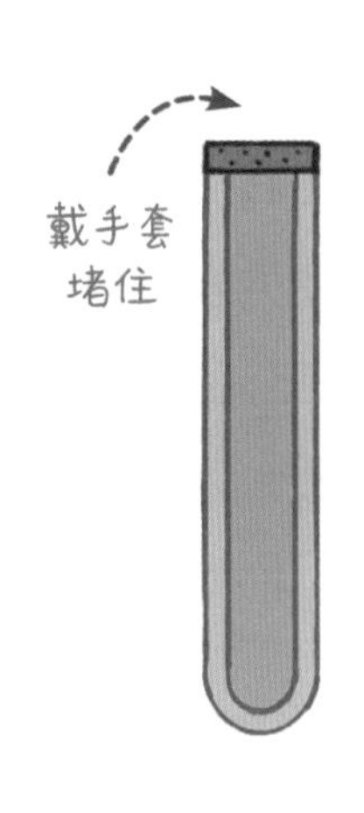

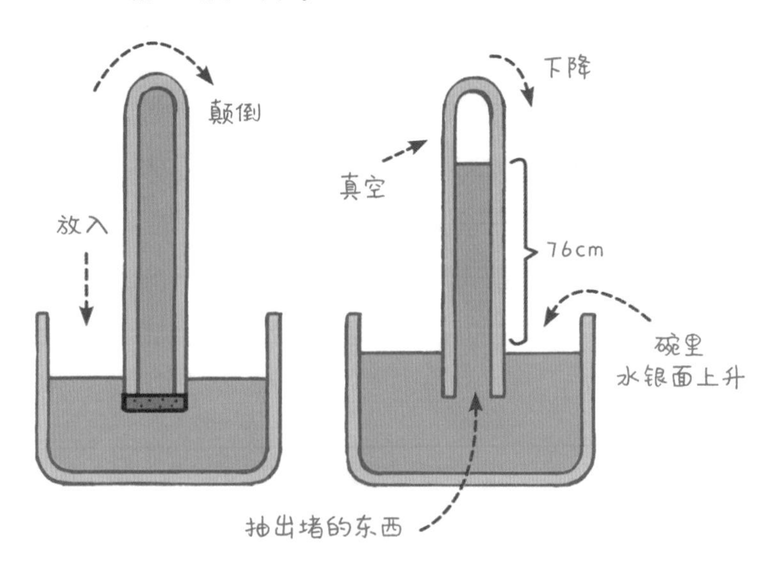

大气压把水银柱抬高了 76 厘米，因此它的压强就相当于 76 厘米水银柱所产生的压强。今天我们一般认为，海平面高度的大气压就是 **760 毫米水银柱**产生的压强，而毫米水银柱（毫米汞柱）也成了衡量压强的单位。虽然今天我们已经有了标准的压强单位，但是在很多场合，特别是医学领域，大家依然沿用“毫米水银柱”这个单位。

托里拆利的实验证实了他的理论，搞清了大气压的成因和大小，也解释了抽吸泵为什么只能将水提升到 10 米。在此之后，人类明白了若希望把水抽到超过 10 米的高度，就要运用多级水泵，不断传递，相当于将一个一个的 10 米叠加起来。同时，这个实验还促成了水银气压计的发明。后来，托里拆利继续研究大气压问题，例如气压和海拔高度之间的关系，进而解释了高海拔使人呼吸困难的原因。令人遗憾的是，在 1647 年，托里拆利就因感染伤寒去世，年仅 39 岁。

托里拆利去世后，法国著名科学家帕斯卡接过托里拆利的接力棒。帕斯卡经过研究发现，在海拔 3000 米以下，大气压会随着高度的提升而下降，每提高 12 米，大气压就下降 1 毫米水银柱。为了纪念帕斯卡的功绩，在今天的国际单位制中，大气压的单位就是帕斯卡。帕斯卡的发现也带来了一个直接的发明，就是气压高度计，它使测量海拔变得更方便了。

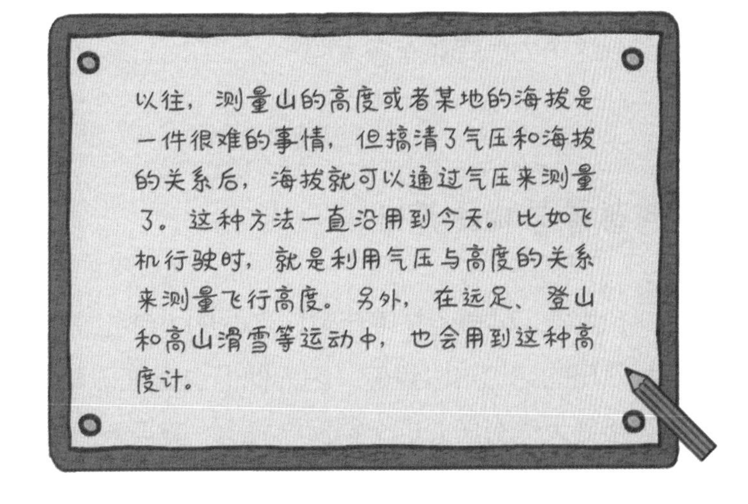
以往，测量山的高度或者某地的海拔是一件很难的事情，但搞清了气压和海拔的关系后，海拔就可以通过气压来测量了。这种方法一直沿用到今天。比如飞机行驶时，就是利用气压与高度的关系来测量飞行高度。另外，在远足、登山和高山滑雪等运动中，也会用到这种高度计。

科学的进步离不开测量，而科学的成果又常常为人类提供了新的测量方法。

尽管托里拆利证实了大气会产生很大的压力——一个指甲盖大小的面积就要承受超过 0.9 千克的压力。但在生活中，我们很少切身体会大气压的“威力”，你能想象到这个力道究竟有多大吗？

少有感受的大气压

科普需要物质基础

在 17 世纪，科学还并不普及，当时的人都觉得，关于大气压的结论难以置信，因为他们也很难切身感受到大气压。要想让大家真正接受大气有压力这个物理学概念，就要设计一个大家都能看懂的实验。

那么，这件事由谁来做呢？在吃饱饭都成问题的年代，除非某个人资金充足，又有知识，还比较清闲，否则没有人会去研究这些看似无用的问题。在修道院里，倒是有一些人满足后两个条件，但是他们没有资金。

奥托·冯·居里克出生于马德堡的一个贵族家庭。他从小接受了良好的教育。15 岁的时候，他进入莱比锡大学学习法律和哲学。求学期间，他的父

亲去世了，因此一度中断学业回到家中。在家里的时候，他对数学、自然哲学和军事工程学产生了兴趣。此外，由于受到哥白尼的影响，他对光、空气等这些真实存在却又有些虚幻的东西产生了浓厚的探索欲。后来，他回到耶拿大学和莱顿大学学习，毕业后又到法国和英国进行了为期 9 个月的交流，良好的教育打下了居里克的科学基础。

广受欢迎的马德堡半球实验

1647 年，居里克在使用消防泵从木桶中抽水的时候受到了启发，同时居里克还发现，在子弹射出枪管时，会把空气带走。于是居里克设计了一种抽气泵，可以把容器中的空气排空，这样容器中就会形成真空。

当一个容器内的空气被排出之后，外面的空气就对这个容器产生了压力，居里克想知道这个压力有多大。于是，1654 年，居里克设计了一个实验，他做了一对铜质的空心半球，半球中间是一层浸满了油的密封皮革，这样两个半球能完全密合，不留空隙。其中，一个半球上带有一个装了阀门的连接管，用以连接真空泵，把空气抽走。当两个半球间的空气被抽出后，两个半

早期木质建筑容易起火，当时欧洲的一些城市为了防火，会用大木桶存水，然后用一种手动旋转的装置将水从木桶中抽出来。同时期的明代实行“火政”制度，建立“火兵”队伍和义务消防组织“火灶”，设置水缸、麻搭、火钩，组织人员往来巡视，遇火则击柝报警并配斧、瓮、水桶等救火器具。

球便会受周围的大气挤压而紧合在一起。大气的压力显然比想象的大，人力很难拉开，于是居里克决定动用 16 匹马来继续这个实验。

当时居里克已经是马德堡市的市长了，市民听说市长要做一个马拉铜球的实验，都来观看，甚至当时的神圣罗马帝国皇帝——斐迪南三世也来到现场。实验之前，居里克用真空泵抽出了两个相连半球之间的空气。然后将 16 匹马分为 2 组，每组 8 匹，向两边拉动抽出了空气的半球。赶马的人不断驱逐着两组马，费了九牛二虎之力后，大家终于听到一声巨响，两个半球被拉开了，围观群众无不啧啧称奇。

令人意想不到的是，马德堡半球实验成了当时的“网红实验”，市民们觉得看着十几匹马费力拉开一个直径不大的密封球是件很有趣的事情。于是，居里克就到德意志地区的很多城市做表演，以满足人们的好奇心。

马德堡半球实验

这个实验科普了大众，后来，居里克还把他对大气研究的成果写成书出版。当时英国的一位科学家看了那本书之后大受启发，对空气的压力进行了更深入的研究，他就是英国近代著名的科学家罗伯特·玻意耳。

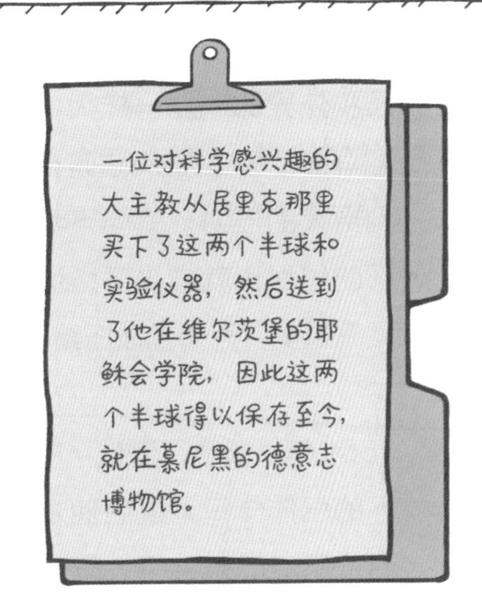

第一个“被发现”的定律

玻意耳是科克伯爵理查德·玻意耳的第七个儿子。老父亲为了满足儿子研究科学的愿望，专门为他建了一个实验室，供他做实验。玻意耳是当时英国皇家学会最早的会员之一，“到皇家学会看玻意耳等人做实验”也是很多到伦敦观光旅行之人的必要项目。

玻意耳对空气的性质很好奇，在了解居里克的工作之后，玻意耳就做了一系列关于空气的实验。为了做实验，他还设计了很多实验设备。

玻意耳系统研究了空气压强，也就是气压和体积之间的关系。玻意耳设计了一个一端封死，另一端可以由活塞控制的圆柱形容器。一开始，容器内的气

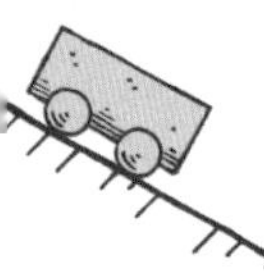

压和外界的气压一样大。然后玻意耳在活塞上加入砝码，活塞受到更大的压力，就向下移动，内部的体积也就减少了。活塞上的砝码越多，气体就被压缩得越小。

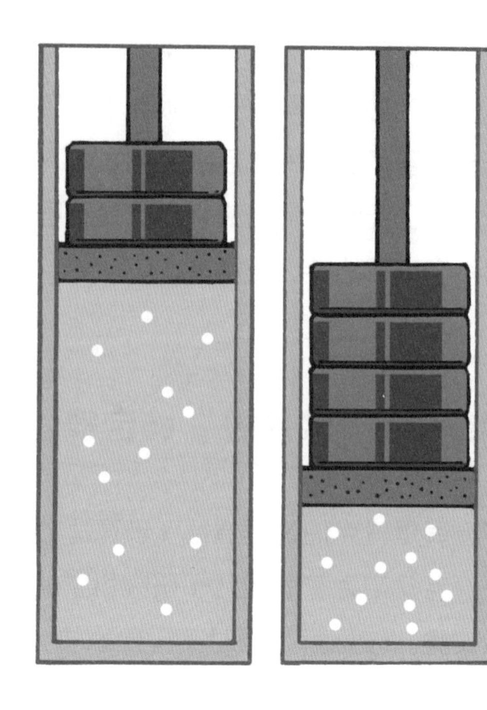
玻意耳设计的实验

1661 年，玻意耳测试了不同压强下的气体体积，最后他发现，在温度不变的条件下，气体的体积和内部压强成反比，也就是体积越小，内部压强越大。1662 年，玻意耳公布了他的这个发现，这是人类历史上第一个“被发现”的定律。在这之前，其他的定律，比如开普勒关于行星运行的定律，都是自然界本身就存在的现象。玻意耳发现的气体体积和压强的关系，是在人为设定的实验环境中主动找到一些自然现象背后的规律。

1676 年，法国实验物理学的先驱马里奥特也独自发现了这个定律。今天我们通常把他们的名字放在一起，称为“**玻意耳－马里奥特定律**”。我们通常把这个定律写为：

$$P_1V_1=P_2V_2$$

其中 V_1 和 V_2 分别代表容器前后的体积，P_1 和 P_2 代表容器内前后的压强。

不能让科学家饿肚子

玻意耳的兴趣很广泛，他并不仅仅致力于这一项研究，最后实在忙不过来了，就聘请了另一位科学家胡克当助手。胡克和玻意耳一起改进了居里克发明的真空泵，他还帮助玻意耳做了很多和气体压力有关的实验。后来，在玻意耳的推荐下，胡克担任了英国皇家学会实验室负责人。由于英国皇家学会创办初期是没有资金来源的，大家都没有薪水。玻意耳倒是不用为钱发愁，但胡克囊中羞涩，只能靠在唱诗班唱歌赚钱度日。为了解决自己的经济窘境，胡克设计了很多有趣的实验，在国王面前演示，争取到了王室对英国皇家学会的资助，这才解决了学会里面一些贫困科学家的生活问题，让他们能够更专心地进行科学研究。

在玻意耳等人生活的年代，科学实验成为一些贵族的时尚。这些人探索科学只是出于对世界的好奇心，并不求名利，因此才能静下心来做一些很基础的科学研究。而今，世界上包括我国在内的许多国家都有专项资金与扶持政策，以保障科学家的生活，让他们能潜心钻研。或许某个微小的发现与创新，就会为未来的进步奠定基础。

玻意耳设计的一系列研究气压的实验设备

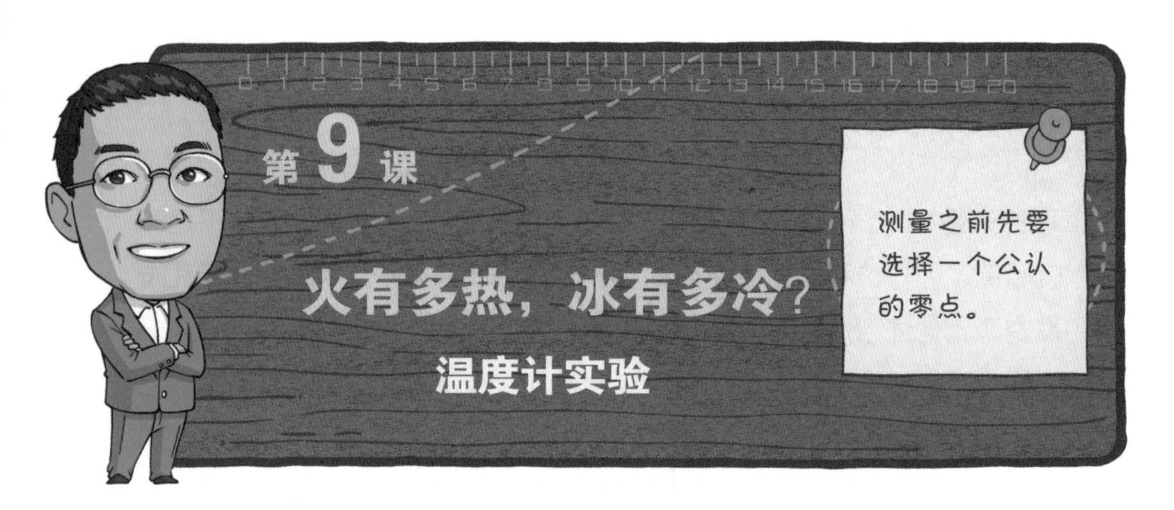

有一种寒冷叫“妈妈觉得你冷”。实际上，哪怕没有爱的加持，人对温度的变化也是很敏感的，1℃的温差都能让人感觉到不一样。不仅人如此，动物、植物也有这个本事。但是，要你说出火具体有多热、冰到底有多冷，这就很难了。人们是如何测量温度的呢？

伽利略的成功尝试

除了长度、质量和时间之外，另一个经常需要测量的物理量就是温度。温度不像长度或者质量，它不容易被“看”出来。一个发烫的碗和一个冰凉的碗，如果不去摸，你很难区分它们的温度。即便有人想找出一个量化温度的办法，这把“尺子”也很难直接设计出来。要想测量温度，就需要找出温度和其他一些物理量之间的关系，通过测量其他物理量间接地测量温度。

人们最早观察到的温度和其他物理量之间的关系，是热胀冷缩。利用热胀冷缩原理，就可以把温度测量变成可以观测到的长度测量，或者说是高度测量。最早利用这个原理发明温度计的是伽利略。伽利略发明的温度计，其实是一组玻璃泡**液体比重计**。

这一组玻璃泡比重计本身的密度不同，将它们放在液体中，有的会漂浮起来，有的会沉下去。当液体的温度升高时，液体的体积就膨胀了，密度就会降低，这时会有更多的玻璃泡比重计沉到底部。当液体的温度下降时，液体的体积缩小，密度增加，会有更多的玻璃泡比重计浮起。通过观察这些玻璃泡比重计的位置，就能测定液体温度的高低。

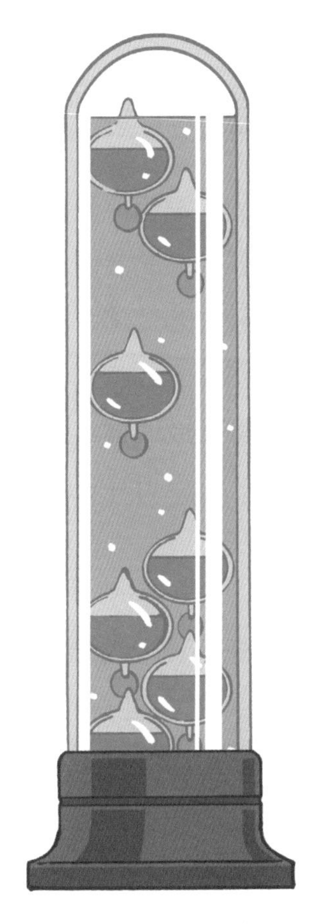

伽利略设计的温度计

伽利略温度计的使用是人类第一次成功尝试测量温度，不过它并不实用。一方面，伽利略温度计只能测量一个大容器中液体的温度，或者大气环境的温度；另一方面，这种温度计难以制作得很标准，不同温度计测出来的温度也存在不小的偏差。

比重计的工作原理依赖浮力原理。比重计是一根密闭的玻璃管，里面是空的，下面有一个泡状的容器，里面装有铅或水银，使玻璃管能在被检测的液体中竖直地浸入足够的深度，并能稳定地浮在液体中。根据浮力原理，它本身的重力跟它排开液体的重力相等。于是在不同密度的液体中会浸到不同的深度：在密度较大的液体中，比重计漂浮的位置较高，在密度小的液体中，它漂浮的位置较低。比重计上有刻度，可以显示液体的密度。

后来者的改进

意大利发明家**圣托里奥**也进行了尝试，他在一根玻璃管中灌入了酒精等热膨胀系数大的液体。所谓热膨胀系数大，就是当温度升高一点点时，体积就会有较大的变化，所以观测起来会比较明显。玻璃管的一头有一个开口，人可以对着里面吹气，当整个温度计的温度变高时，里面的液体就会膨胀。圣托里奥在玻璃管上画了很多刻度，不同体温的人在吹气时，产生的热气温度不同，温度计中的液体就会达到不同的刻度，我们也就知道被测者体温的高低了。

圣托里奥温度计比伽利略温度计有所改进，但依然制作得非常粗糙。尤其是，这种温度计受环境温度和大气压的影响较大，非常不准确，算不上是一种实用的仪器。

为了解决温度测量的问题，1654 年，又是美第奇家族的公爵决定亲自主持研发更实用的温度计，伽利略的学生和其他一些科学家都参与了。他们在圣托里奥温度计的基础上做了重大改进，其中最大的改进是把玻璃管封闭起来，在玻璃管的一端装上酒精，在玻璃管壁写上刻度和数字，这样就便于使用了。不过，由于当时的科学家不懂如何校准温度，这款改进的温度计依然不够准确，大家不知道温度相差 1 度到底该有多大的变化，也不知道作为基准的零度该是多少。

圣托里奥设计的温度计

零度的确定

荷兰物理学家华伦海特最大的贡献，就是确定了温度的零点。

在我们今天通常使用的摄氏温度系统中，0℃是纯水在海平面大气压下的冰点温度，我们对此已经习以为常了。不过，如果要让你来设计一种新的温度零点，而你又没有原来水结冰时的 0℃作为参照，你会如何设计呢？

我们是不是可以把已知的最低温度设置为零度？这样世界上所有的温度都比这个零点更高，也就都是正数，不会有正负之分。事实上，后来开尔文勋爵的绝对零度就是这么设置的。

华伦海特曾经考虑过，使用最常见的水的冰点作为零度，但显然，冰并不是自然界最冷的东西。他觉得，既然是作为零度的标准，就需要寻找更冷的东西。当时的人们已经发现，海水（盐水）的冰点比纯净水低。于是华伦海特就想到，用饱和食盐水（主要成分为 NaCl）的冰点作为零度，但问题接踵而至，当时并没有电冰箱这一类的制冷设备，他没法在实验室里让饱和食盐水结冰。难道要跋涉千里，去往遥远的北极吗？

溶解是一个有趣的过程，它吸热还是放热由电离和水解两方面决定。不过你要确定那种物质是否只是在溶解，比如你把食盐加入水中得到饱和食盐水，将饱和食盐水蒸干又会得到食盐；如果你把金属钠丢进水里，钠会与水发生激烈的化学反应，最后钠也会“溶于水”。你可以很直观地看到溶解过程在放热，但那是化学反应产生的。当你把溶液蒸干以后，你也得不到金属钠了，只会得到氢氧化钠。

好在化学家们的发现帮了大忙。他们观察到一些溶解热现象，也就是不同的物质溶于水后会产生不同的吸热放热情况，比如氯化铵（NH_4Cl）这种物质溶于水就会吸热，导致溶液温度下降，直到结冰。

于是，华伦海特就把氯化铵溶解于水，将形成的溶液结冰的温度定义为零度，这大约等于我们现在所用的 −18℃。然后他又把纯水结冰的温度定义为 30 度，人体腋下的温度定义为 90 度。这样就形成了一个大家都可以参考的温度单位体系，这个单位体系也被称为**华氏温标**。

不过，华伦海特一开始并没有意识到他的设计存在致命的错误。你发现了吗？从他定义的零度到 30 度，再从 30 度到 90 度，这两个温度段中间，每一度未必相等。打个比方，把 0 度到 30 度平均分成 30 份，每份是 1 度，这 1 度的变化可能与一碗热饭放置 30 秒前后的区别一样；相应地，把 30 度到 90 度平均分成 60 份，每份是 1 度，这 1 度的变化可能与人的额头和腋下的体温差一样。但这两个“1 度”是分别平均出来的，它们并不相同。简单来说，这个温度变化的取值并不平滑连贯。后来经过很多实验，华伦海特把

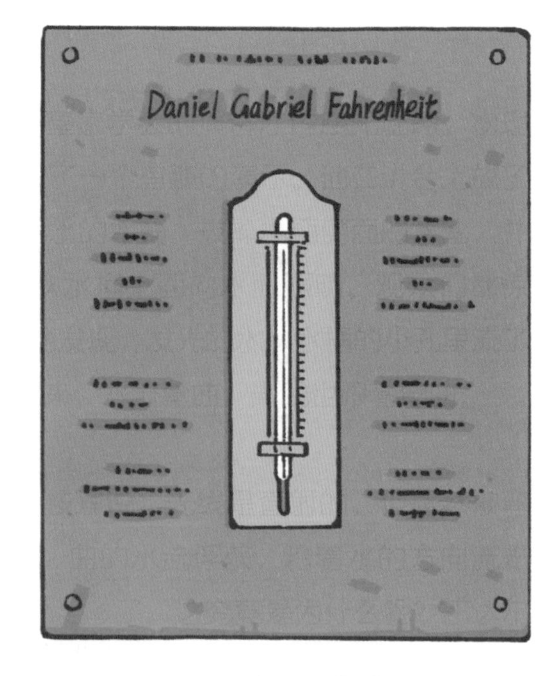

华伦海特的墓碑

水的冰点温度调整到 32 度，然后把水的沸点温度定为 212 度，中间有 180 度。今天人们使用的华氏温度就是这么划分的结果。

当然，你可能会觉得，为什么不搞得简单点？干脆把最常见的水的冰点定义为零度，沸点定义为 100 度。这么想的人不止你一个。1742 年，瑞典科学家摄尔修斯就这样重新定义了温度的单位和零度，便是我们今天使用的**摄氏温标**。

而在科学研究上，人们则经常使用英国科学家开尔文勋爵提出的**绝对温标**。绝对温标的每一度和摄氏温标是相同的，只不过它的零点设置在了摄氏温标的 −273.15℃，因为这是宇宙能达到的最低温度。

三种温标

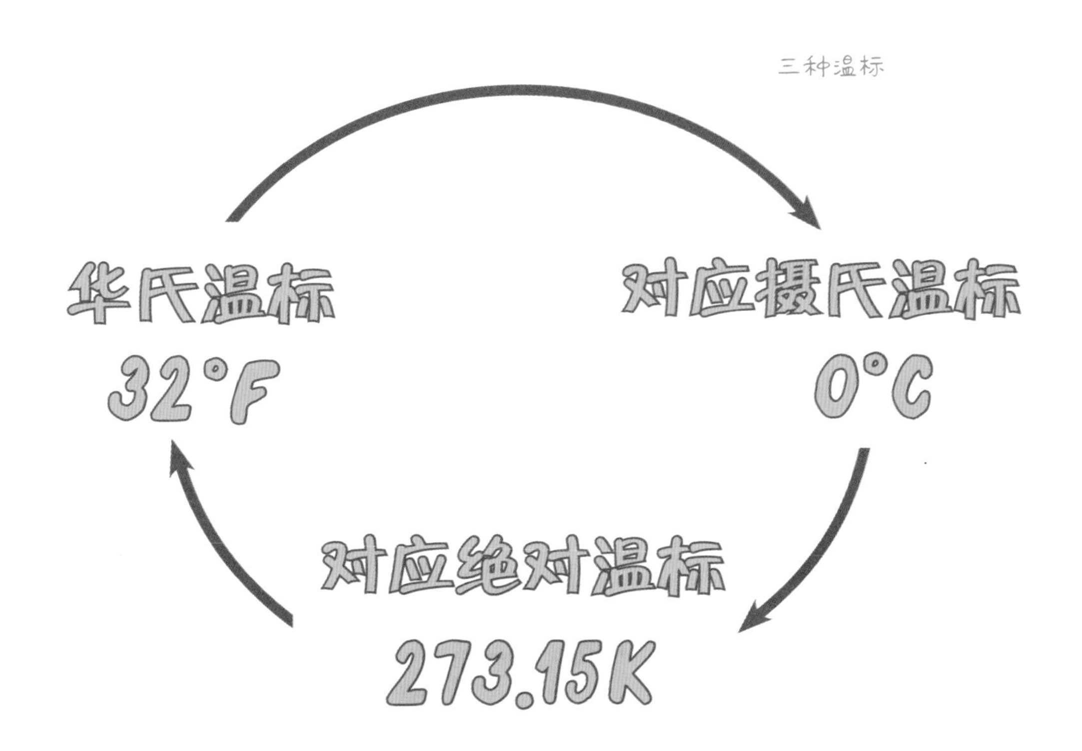

在科学研究中，测量是很重要的事。有些物理量容易直接测量，比如长度，但是有些则只能间接测量，比如温度。我们都能感受温度的高低，但是真要说清楚 1 度的温差代表什么含义，却不是一件容易的事情。

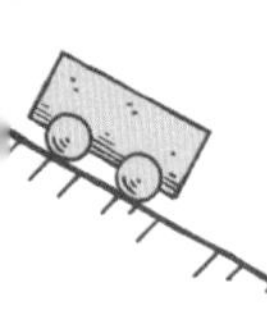

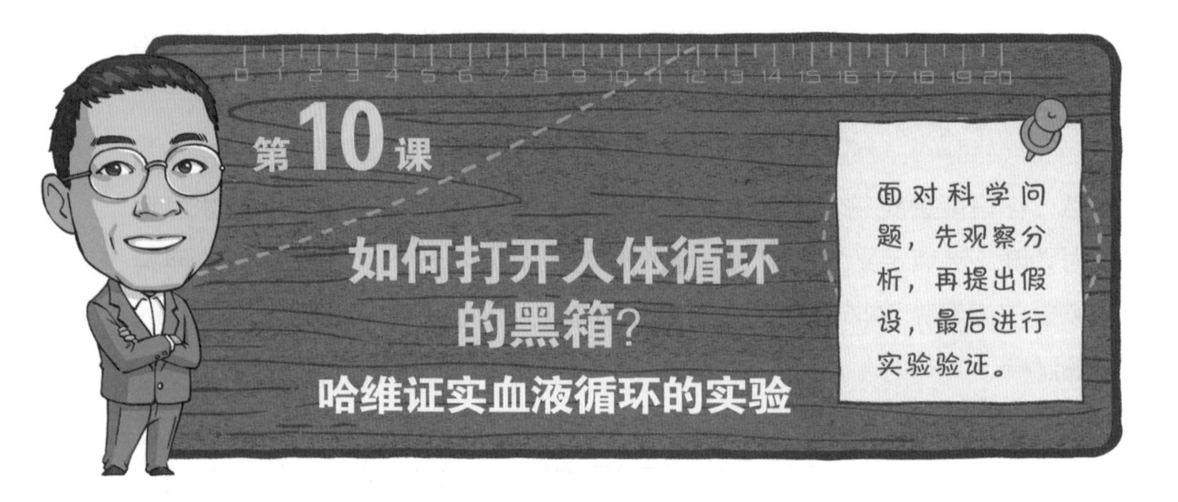

第10课 如何打开人体循环的黑箱？

哈维证实血液循环的实验

医学与数学不同：数学是用无比严密的逻辑推理得到答案，而医学是非常依赖经验的学科。听到这句话，你是不是会觉得背后一凉？

从前，治病主要靠经验

在近代之前，医生们主要靠问诊，以及不断总结用药和治疗效果来积累经验。以前的医生并不太了解人体各部分的功能，更不用说找出疾病的成因了。病人就像一个黑盒，医生们只能看到输入的部分——你吃了药或做了手

黑盒测试

术，以及输出的部分——你痊愈了或是病情恶化了。至于在这期间，你的身体里发生了什么，大家都一无所知。我们将这种过程称为**黑盒测试**。

如果一种药物总是把人治死，或者一用就见效，那么这样的反馈就很有意义，我们可以将它作为经验传承下去——管用就推广，治死就禁用。但问题是，绝大部分药物的疗效并不显著，时灵时不灵，这就很难让医生总结经验了。

英国哲学家卡尔·波普尔提出了一个鉴别科学和非科学的标准——可证伪性。简单粗略来说，一个理论或者一个观点，如果有可能证明它是错误的，那么不管这种可能性有多大，它就是科学的；如果无法证明它是错误的，那么它就是非科学的。比如，“0℃时，水会结冰”，我们可以在各种条件下验证它的真假。至于“上帝是万能的”，我们无法验证。

近代之后，医学研究发生了巨大的变化，医生开始研究生物的生理结构（当然也包括人），了解各个器官的功能和生命的本质，了解疾病的成因，了解药物治病的机理和副作用，从而更有效地治疗疾病。换句话说，就是把生物体这个黑盒打开，看清楚里面的细节。这种研究方法，也被称为白盒测试。

从那时起，医学就逐渐转变为依赖实验且有着坚实理论基础的学科。我们通常把之前的医学称为传统医学，把近代以来的医学称为现代医学。

医学“玄”了几千年，它又是如何完成华丽转身的呢？这就不得不提到一个人，以及他所做的研究工作。这个人就是开创了近代医学革命的英国医学家——**威廉·哈维**。他通过一系列实验搞清楚了动物体内血液循环的机理。

哈维与他的前辈们

哈维出生于一个自耕农家庭，他学习很勤奋，先是在坎特伯雷国王学院就读，然后又去剑桥大学进修艺术和医学。当时欧洲医学最发达的地区是意大利，于是哈维又来到意大利的帕多瓦大学，跟随著名的解剖学家和外科医生法布里休斯继续深造。在这期间，哈维还得到许多名师的指点，他最终获得了博士学位。回到英国后，哈维活跃于医学界，并且娶了伦敦名医朗斯洛特・布朗的女儿，而这位布朗医生正是当时英国国王的御医，后来，哈维也成了英国皇家医师。

在哈维之前，欧洲的医生一直沿用古希腊医学家盖伦建立起来的医学理论。虽然盖伦也通过解剖动物发现了一些器官（特别是神经系统）的作用，但是他对绝大多数人体器官的功能都一知半解。

解剖研究的先河

从文艺复兴时期开始，医生们已经意识到，要给人治病，就要通过解剖来了解人的生理特点。但直到近代之前，教会一直反对解剖尸体这种行为，以至于在文艺复兴时期，达・芬奇等人还需要盗掘尸体才能进行解剖研究。这虽然不太光彩，但也开启了解剖研究的先河。

在哈维之前，西班牙医生塞尔维特也已经发现了肺循环，但是因为他得罪了教会，被处以火刑。更早的时候，13 世纪的穆斯林医生伊本・纳菲斯也发现，人体除了全身的血液大循环，还有一个小循环。纳菲斯认为小循环连接心脏、肺和背部，这种看法和后来人们了解的肺循环还是有差异的。因此，直到哈维的年代，欧洲的医学研究与 1000 多年前的古希腊时期相比，并没有重大突破。

“血液循环原理”的发现

哈维在做动物实验

那么，哈维是如何发现血液循环原理的呢？对了！从逻辑推理出发。哈维通过解剖学得知了心脏的大小，还大致推算出心脏每次搏动压出的血量，然后他根据正常人的心跳速率进一步推算出，心脏 1 小时要泵出将近 500 磅（约为 227 千克）的血液。如果血液不是循环的，人体内怎么可能有这么多的血液。从这个矛盾切入，他提出了血液循环的猜想，然后用长达 9 年的实验验证了这个理论。

虽然解剖学能够帮助医学家们看清楚心脏、血管和其他器官是如何连接的，但是这并不能让医学家们猜出血液是如何循环的。

而哈维大胆地选择解剖各种活体动物，进而观察心脏如何工作、血液如何循环。虽然实验动物的结构和人体结构有很大差别，但是血液循环的原理却是类似的。例如，哈维绑住了鱼和蛇的静脉，发现它们的心脏就没有血了，于是他得出一个结论，血液会通过静脉流回到心脏；然后他又绑住动脉，发现心脏涨大了，这是因为血液无法输出，于是哈维又得到进一步的结论：血液由心脏经过动脉输入器官，再由静脉流回心脏。哈维共解剖了 40 多种不同的动物，从比较低等的动物一直到哺乳动物。

接下来还有两个问题需要回答。

1

为什么腿部的血液能够从下往上流回心脏？哈维的老师发现了瓣膜的存在，而哈维注意到，静脉血管中的瓣膜都是朝着心脏的方向开的，它保证了静脉血液只能单方向往心脏流动，而跳动的心脏就是一个泵，提供了血液流回心脏的动力。

2

为什么人有两个心房和两个心室？哈维发现，只有这样，才能让体循环和肺循环结合到一起，而且动脉血和静脉血不会混合。血液从左心室流出，经过主动脉流经全身各处，然后由腔静脉流入右心室，经肺循环再回到左心室。人体内的血液循环不息，心脏搏动就是动力之源。

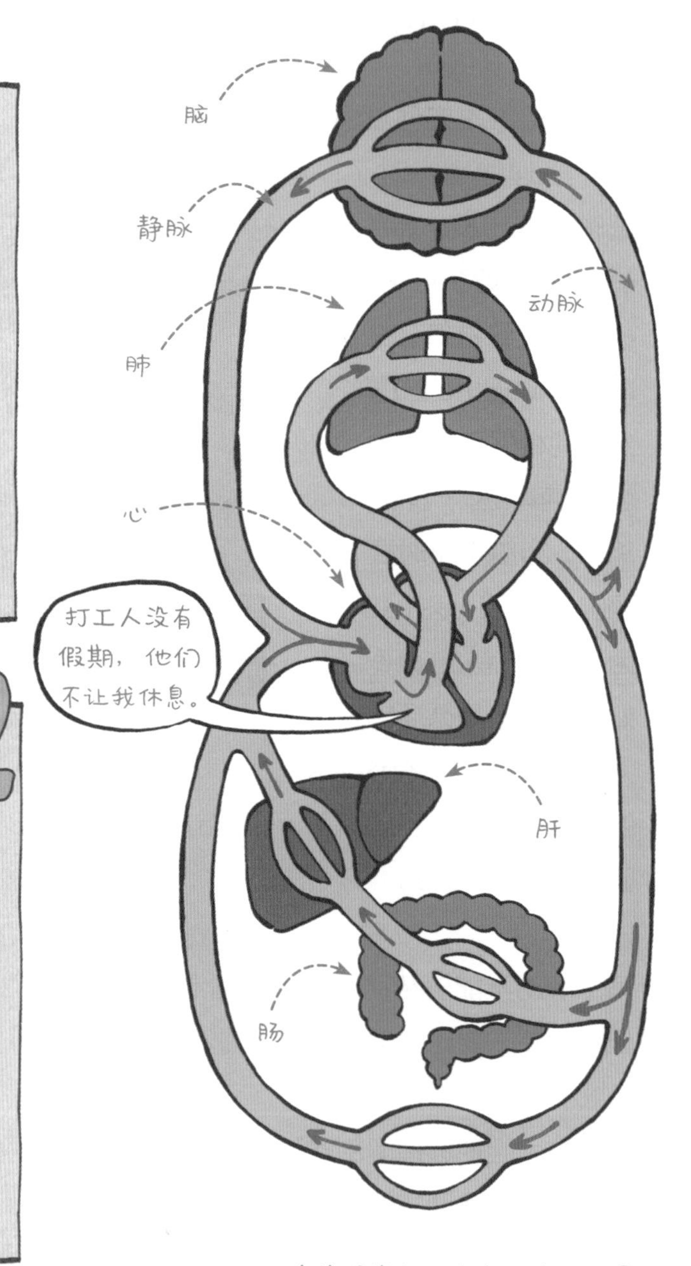

哈维提出的人体内血液循环图

为科学革命铺好路

1628 年，哈维出版了医学巨著《关于动物心脏与血液运动的解剖研究》。在这部巨著中，哈维告诉世人，血液循环——这个动物最基本的生理功能背后是一种特殊的物理运动，而不是古代医生所谓的虚无缥缈的“气”。

1651 年，哈维出版了他的另一部大作《论动物的生殖》，大大促进了生理学和胚胎学的发展。在这部著作中，哈维否定了过去占主导地位的先成说。先成说认为，动物的胚胎与成年动物的结构相同，是成年动物的等比例缩小版本。而哈维认为，胚胎最终的结构是一步步发展起来的。

不同胚胎的发育变化

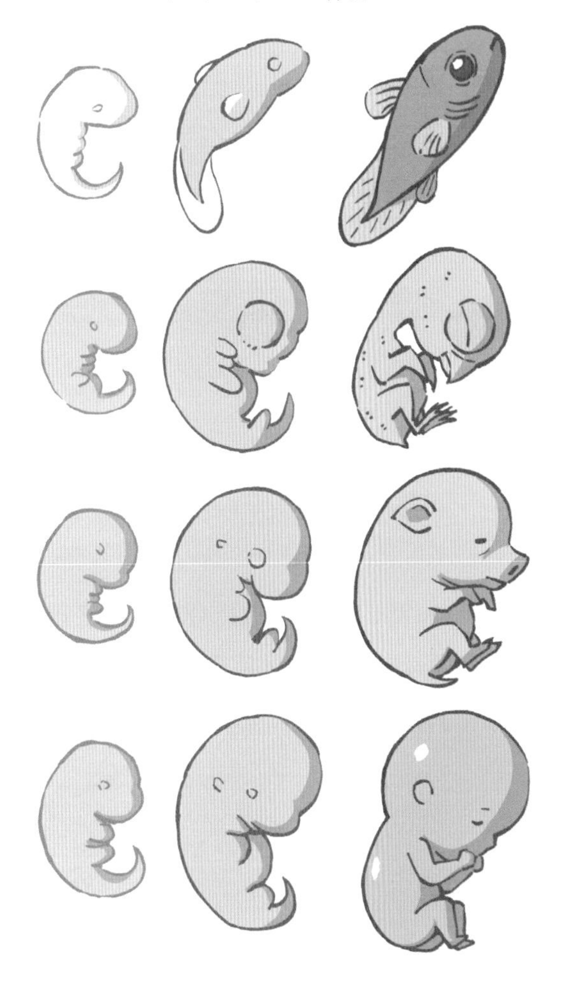

哈维的这两大发现确立了他在近代医学中开山鼻祖的地位，但他对世界最大的贡献还不在于提出了医学理论，而在于找到了一种科学研究的方法，使得后来欧洲的医学以及科学得以突飞猛进地发展。

作为哈维坚定的支持者，笛卡儿正是因为受到哈维研究方法的启发，才提出了著名的科学方法论。而在此之后，人们自觉地使用笛卡儿的方法论开展科学研究，科学革命从此开启。

第11课 阳光有多少种颜色？
牛顿的分光实验

对于前人的观点，要经过自己的思考，批判性接纳。

雨过天晴时，彩虹挂在天上，我们会看到七种绚丽的颜色。自古以来，关于彩虹的传说就数不胜数。在中国神话中，彩虹是女娲补天的五色石发出的彩光；在希腊神话中，彩虹是沟通天上与人间的使者；在印度神话中，彩虹是雷电神“因陀罗”（又译作“帝释天”）的弓……现在我们知道，彩虹是一种光学现象。但我们是怎么知道的呢？

来自大学生的科学发现

大学时期的牛顿喜欢研读之前科学家的著作，但是他并不会轻易相信书本上的结论，他总是要用实验和数学计算验证前人的看法或得出的结果。这一年，牛顿阅读了笛卡儿关于光学的著作，对于笛卡儿的结论，他也先要做实验，然后才会相信。

牛顿是有史以来最伟大的物理学家和数学家，也是对世界影响最大的思想家，他是人类理性时代的代表。在物理学领域，牛顿开创了经典的力学和光学。他所提出的力学三定律和著名的万有引力定律，彻底解释了宇宙万物运动的基本规律。

1666 年的一天，牛顿在推导万有引力定律公式时，一丝阳光从门缝里射进来。“从来没有见过这么细的光线，如果将它再分为几丝，不知道是什么样。”牛顿思索片刻，就去找来一个三棱镜，他用三棱镜截住阳光，奇迹出现了——阳光从三棱镜的一面射入，折射至另一面并射到墙上，呈现了彩虹的颜色。他反复做三棱镜实验，结果是可以重复的。于是牛顿确信，我们平时看到的太阳光，其实并不是单色光，而是由许多颜色的光混合而成的。

在剑桥学习期间，牛顿将所读的书、所做的事情都做了详细的笔记。这些笔记包括他为了验证书中结论而做的各种实验的大量细节。后来有人将它整理成牛顿的早期文献《三一学院笔记》。

这一年底，牛顿提出了太阳光谱是由红、黄、绿、蓝和紫五色光构造的理论，并且提出了“不同颜色光的折射率是不同的”这一原理。但是牛顿当时研究这件事只是出于兴趣，因此他并没有发表论文，而是通过笔记的形式记录下了他的研究工作。

更详细的实验

1665 年夏天，剑桥暴发瘟疫，学生都被遣散回家，牛顿回到家乡伍尔兹索普，度过了近两年的时间。到 1667 年春天，牛顿从故乡回到剑桥大学，这

牛顿的光色散实验

让他有条件做更多的光学实验。他对光谱的认识更加全面而准确了。1666年，牛顿还认为白光只是由五种颜色的光构成的。回到学校后，他把实验做得更为细致，便发现阳光由七色构成，即我们今天常说的红、橙、黄、绿、蓝、靛和紫七色光。牛顿还指出，任何两种相邻的光之间都夹着明显的中间颜色，因此太阳光其实可以散射成连续的光谱，只不过上述七种主要的颜色占据了光谱中的大部分位置。

在科学上，比发现现象更重要的是如何解释现象。在牛顿之前，也有科学家已经注意到光经过三棱镜所产生的散射现象，并且思考光为什么会有不同颜色的问题。不过那些科学家的解释都是基于自己的想象，和事实并不相符。比如，胡克认为红色是被浓缩的光，紫色是被稀释的光，但如果从光的频率来理解压缩和稀释，反而是紫光的频率最高，被压缩了，而红光的频率最低，被稀释了；笛卡儿则认为，光是在以太中旋转的小球，不同颜色的光旋转速度不同，红光转速最快，紫光最慢，经过三棱镜后，转速不同的光分开了。

返乡的两年是牛顿思想最活跃的时期，特别是1666年，牛顿奠定了微积分、经典力学、光学和天文学（天体力学）这四大学科的基础。这一年也被称为人类科技史上的第一个奇迹年，而第二个奇迹年要等到1905年。对于一心钻研科学的牛顿来说，连瘟疫这样的坏事都变成让他静静思考的机会。

牛顿的高明之处在于，他会认真思考前人理论有价值的部分，但不会盲目地全盘接受，而是不断通过实验来检查自己的想法，对观察到的现象给予更合理的解释。这样他的思考便超越了前人。比如，牛顿在读了笛卡儿的书后，基本接受了光是粒子（光子）的说法，但是他不同意笛卡儿关于不同光转速不同的解释，因为那些解释难以证实，带有很多主观想象的成分。牛顿后来做了很多光学实验，比如在接收彩色光的光屏后面再放一个棱镜，看看白光分解出的多色光是否还会继续分解；又比如在第一个棱镜后面再倒放一个棱镜，看看被分解的多色光是否还会聚合成白光等。

如何分解太阳光

最终，牛顿提出了一个更好的理论——不同颜色的光在同一介质中折射率不同。所谓介质就是指光能够通过的各种物质，包括空气、水和玻璃等。折射率的标准定义有些复杂，但我们比较容易理解的是，折射率越高，入射光发生折射的能力就越强。其实，当光穿过棱镜后，红光偏转的角度要小于紫光。我们可以说，在同样的玻璃介质中，红光的折射率要小于紫光。

改进前辈的望远镜

在牛顿之前，伽利略发明了折射望远镜，就是利用凸透镜的折射原理将远处的物体放大，并且借此发现了木星的四颗卫星。但是，由于不同的光折射率不同，不同颜色的光实际上聚不到一个点上。当望远镜的放大倍数不是很大时，这个现象并不明显。要想提高望远镜的放大倍数，就要把透镜做得曲率较大，但这时不同颜色的光会明显聚在不同位置上，影像就会模糊。因此在 17 世纪，人们发现当望远镜放大倍数达到一定程度后，无论如何把望远镜做得更精致，都难以解决图像模糊的问题，在图像的边界总是出现彩虹的颜色。但是，人们一直找不到原因。

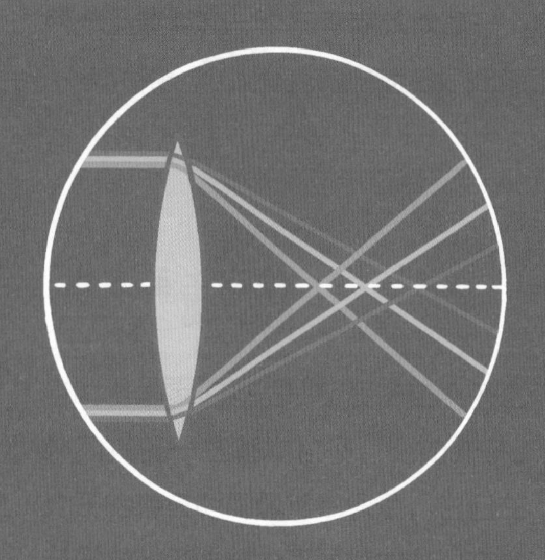

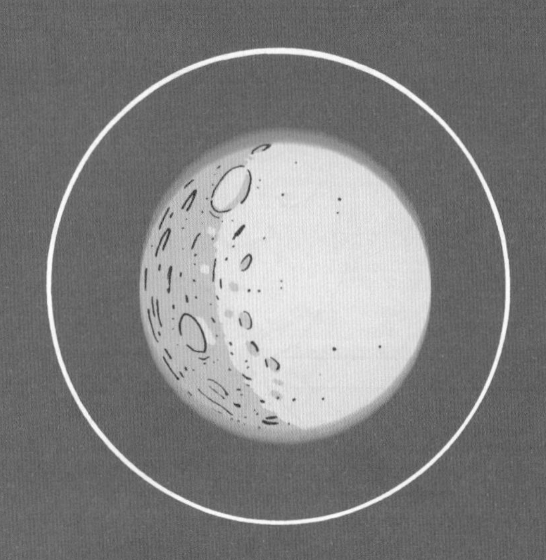

在牛顿提出光散射的原理之后，这个原因就找到了。要克服这个缺陷，就必须替换凸透镜。牛顿有办法，他改用凹面镜，凹面镜反射同样可以将物体放大，又避免了光散射的问题，因为光反射的路线和颜色无关，这样聚焦就能更准确，也就可以把望远镜的放大倍数做得更大一些。牛顿是个动手能力很强的人，他自己买了磨镜片的设备，制作了一个放大 40 倍的望远镜，由于光路在望远镜里反射了一次，因此长度短了一半，只有 6 英寸（约 15 厘米）。

眼睛，
我的眼睛……

用凹面镜取代凸透镜制作出的望远镜，在今天被称为“牛顿望远镜”。牛顿正是因为发明了这种新的望远镜，才成为英国皇家学会会员。今天世界上那些最大的太空望远镜，例如詹姆斯·韦布空间望远镜就是用牛顿望远镜的原理制作的。

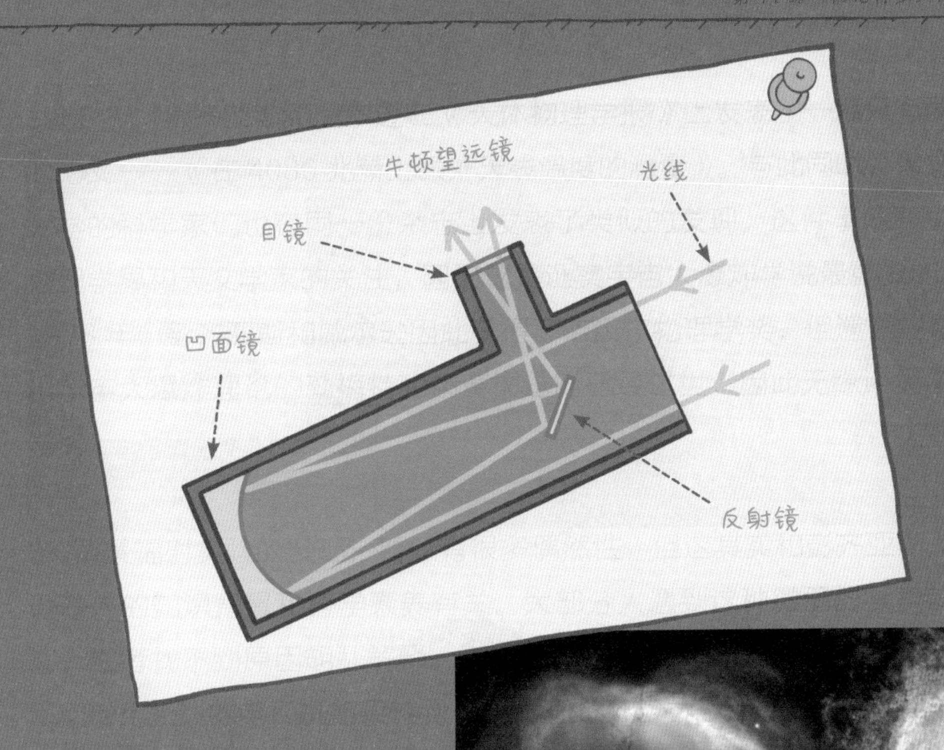

牛顿在光学中还有很多其他贡献，他是光学粒子说的提出者。我们一般认为，近代光学始于牛顿的工作。不过，由于光具有一些很特殊的性质，牛顿注意到光粒子属性的同时，忽略了它的另一种属性——波动性。而这个属性，被与他同时代的另一些科学家注意到了。

使用詹姆斯·韦布空间望远镜前后对比（图片来源：美国国家航空航天局）

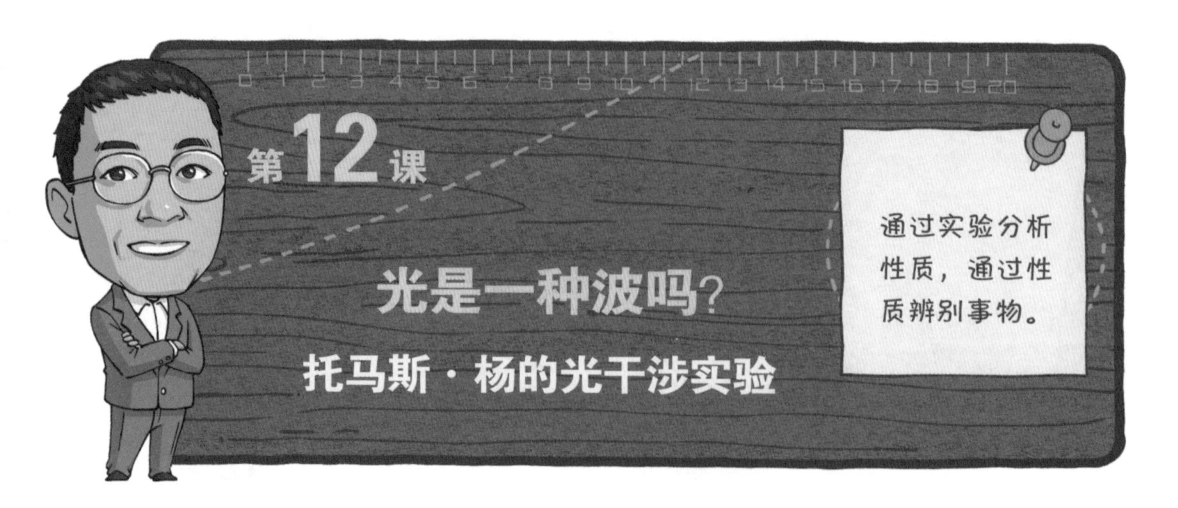

第12课 光是一种波吗？

托马斯·杨的光干涉实验

当你向平静的水面投一块石头的时候，水面上会泛起涟漪，这是我们在生活中最容易观察到的波。波多种多样，像声波、地震波等需要介质传递的波属于机械波，我们可以比较直观地感知。而手机依赖的无线电波、微波炉使用的微波、医院透视时的X射线……这些都属于电磁波。电磁波往往不像机械波那样容易被察觉，直到19世纪才被证实存在。光是否也是一种电磁波呢？

机械波的“形状”

波动说被提出

17世纪，牛顿提出了光的粒子说，而荷兰科学家惠更斯则提出了一种新的看法——**光是一种波动**。

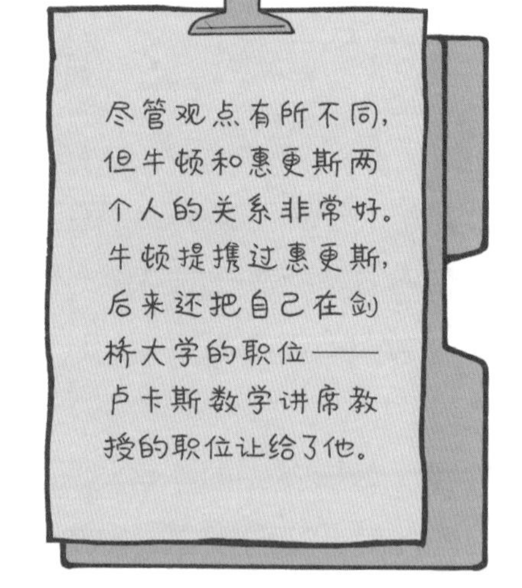

在17世纪，光的波动说不太被大众接受，除了这种假说不直观、不好理解，它还遇到

两个问题。一是在当时的人看来，波的传播需要媒介，光从太阳到地球，它又是如何传播的呢？二是波有一种特殊的性质，就是两个波遇到一起，会产生干涉现象。我们往水池里丢两块石头，两块石头产生的水波相遇之后，在重叠的区域，某些地方的水波会加强，某些地方的水波会减弱。但是在生活中，人们却看不到光具有这种性质。

对于第一个问题，惠更斯假设宇宙中存在一种无所不在的、看不见摸不着的物质——以太，他认为光就是这么传播的。对于第二个问题，当时的物理学家就无法回答了。

光是不是一种波？

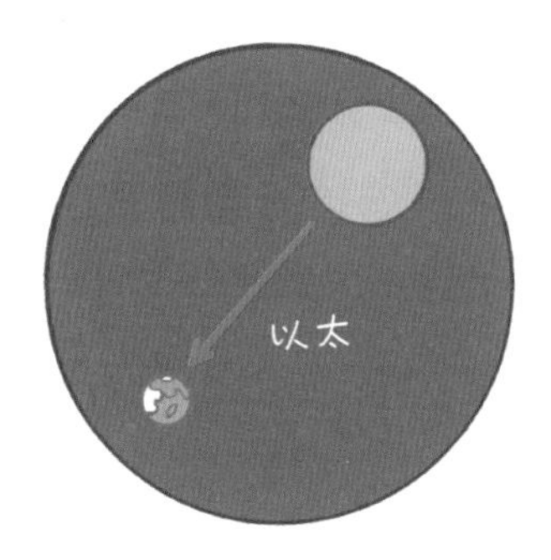

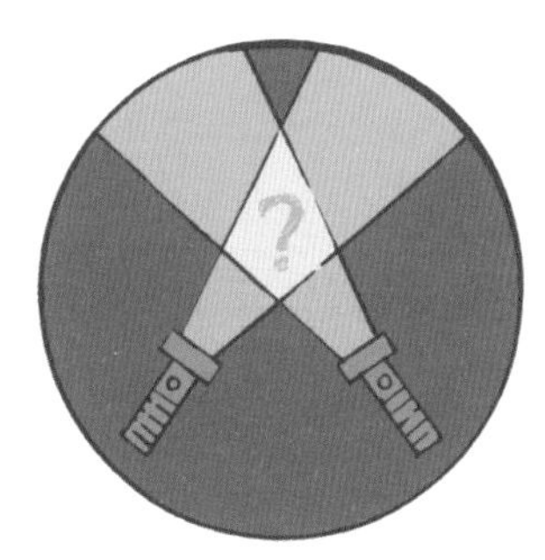

因此，要想证明光是波动的，就要证明它具有其他波动的性质，特别是干涉现象，但是在 100 多年的时间里，没有人能做到这一点。这主要是因为光波的频率太高。

以频率较低的红光为例，它一秒钟要振动 430 万亿次。当振动频率这么高时，大家看上去它就是一根直线。我们在坐标轴上观察两个不同频率的波，一个频率是每秒钟振动 1 次，大家看上去它像是波。另一个是每秒钟振动 100 次，看上去它就像是直线，而光波的频率又要高得多，所以看上去更像直线了。因此，即使在自然界中出现波的干涉现象，人们也看不到。

在国际标准中，周期的单位是秒（s），而在波长一定的情况下，频率是周期的倒数，它的单位不是次，而是赫兹（Hz）。赫兹是用实验证实电磁波存在的科学家，人们用他的名字作为频率单位是为了纪念他的成就。

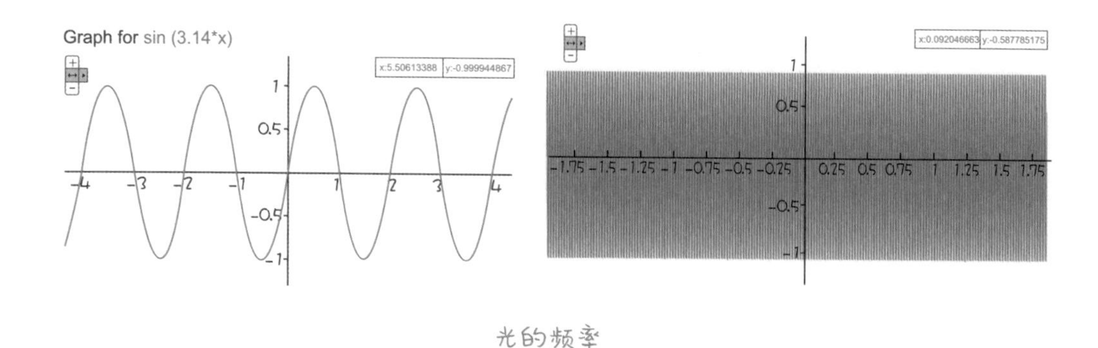

光的频率

不过，在自然界里看不到，不等于在实验室里无法观察。要想证实光能够产生干涉需要几个条件，首先是找到两束频率相同的光。

双缝干涉实验

19 世纪初，英国科学家**托马斯·杨**想到了一个得到两束同样频率光的好办法。他让同一个光源产生的光通过两个窄缝，这样每个窄缝就成为一个独立的光源，而它们产生的光频率肯定是相同的，因为它们最初就是由同一个光源发出来的。杨在这两个窄缝光源的远处放上一个白板。透过两道狭缝的光，投到白板上，形成了一系列明暗交替的条纹，这说明一些区域的光被加强了，另外区域的光则减弱了。就这样，杨证明了光有波动的特性。这个实验也被称为杨的双缝干涉实验。

b
a
d
c
S1
S1
F

双缝干涉现象

托马斯·杨在实验成功之后，写了一本书，用光的波动说反对牛顿的粒子说。但是由于牛顿在科学界崇高的地位，人们仍普遍支持牛顿的粒子说。

波动说的转机

到 1817 年，关于光的波动说出现了转机，而这次转机本身颇具讽刺意味。当时，一些支持光的粒子说的学者联合法国科学院举办了一场比赛，目的是研究反对光的波动说的证据。但是当时年仅 29 岁的物理学家**奥古斯丁·菲涅耳**却设计了一种证实光可以像其他波那样绕过障碍物的实验，并且进行了详细的计算来支持他的理论。他将自己的论文递交给法国科学院。随后，著名数学家**西莫恩·泊松**完善了菲涅耳的数学证明，并且设计了一种证明光的波动性的实验。经过一番争论后，科学家们进行了泊松所设计的实验，按照泊松的设想，发现了所谓的泊松光斑。波动说就此站稳了脚跟。

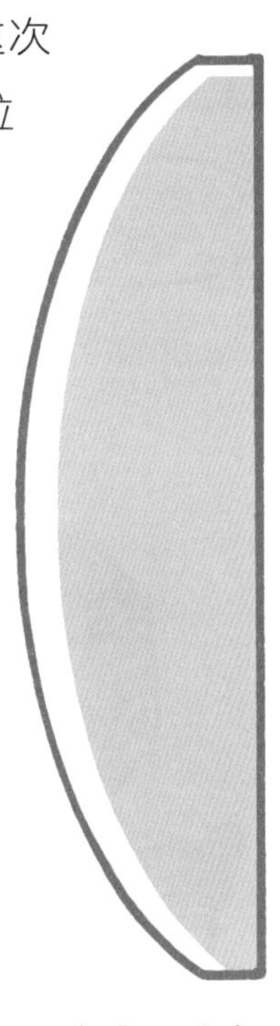

菲涅耳后来继续进行光学研究，并且发明了菲涅耳透镜，又称螺纹透镜，它的形状很特别，特点是焦距短，比一般透镜更薄，可以传递更多的光。它被用于灯塔后，灯塔的光能够在很远的地方被看到。今天汽车的车灯就普遍采用了菲涅耳透镜。

不过波动说也有漏洞，就是它一直无法回答波在太空中传播的媒介是什么。到 19 世纪末，物理学家发现了光电效应，这种现象违背了光的波动性。后来，爱因斯坦提出光同时具有粒子和波的两重属性，才算把争论了几百年的粒子说和波动说统一起来。

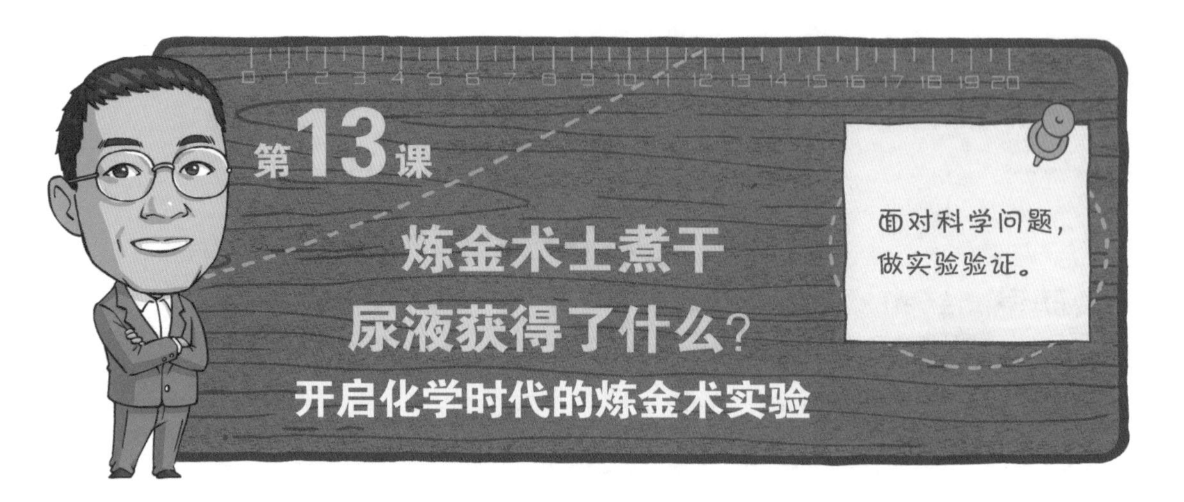

古人研究占星术，为后来的天文学打下了基础；古人研究巫医，为后来的医学打下了基础。而化学则产生于另一种伪科学——炼金术。

从炼金术到化学

最有味道的实验

前文我们提到，古代世界很多炼金术士尝试了各种炼金方法，却都失败了。到 17 世纪，德意志地区的一位年轻的炼金术士**亨尼格 · 布兰德**开始从另一个角度思考问题——黄颜色的东西里，或许包含着黄金。布兰德不知从哪里听说黄色的人体尿液中含有黄金，于是就在他的实验室里做起实验来。布兰

德利用曾当过军官的便利，向士兵们收集了大量的尿液，据记载高达 1500 加仑，也就是将近 7000 升。

大约是在 1669 年，布兰德开始了一个被称为史上最臭的实验。他用曲颈蒸馏瓶对尿液加热十几个小时，曲颈瓶中充满了一种白色的烟雾，这种烟雾经过曲颈瓶上面长长的玻璃管后被冷却，又变成液体，这种液体滴到火上会燃烧。布兰德用一个罐子接住液体，它是一些油状物，里面还有一些像蜡一样的白色固体。这种固体在空气中会燃烧，但火焰不热，且发出淡绿色的光芒。

布兰德把这种新发现的物质叫作“夜晚发光的冰”。后来布兰德把整个实验的流程优化并确定下来，他还详细记录了实验流程的每一个细节。这件事在化学的发展史上很重要，因为在这之前，一些炼金术士也会偶然得到一些物质，但是他们难以重复自己的实验结果。布兰德超越别人的地方在于，他把实验的流程规范化，保证按照那个流程来做，就一定能得到相应的结果。布兰德给出的从尿液中提取磷的大致过程包括以下七步：

1 让尿液静置数天，直到它散发出刺鼻的气味（后来证明完全没必要）。

2 将尿液煮沸，使其变成浓稠的液体。

3 加热直到从中蒸馏出红油，然后将其抽出。

4 让剩余部分冷却，它由黑色海绵状的上半部分和咸味的下半部分组成，下半部分应该是某种盐。

5 丢弃盐，将红油混合回黑色物质中。

6 将该混合物猛烈加热 16 小时。

7 首先会产生白烟，然后曲颈瓶里面剩下油状物，油状物中是固态物质。

关于磷的故事

发现提炼白磷方法的布兰德并不知道磷有什么用途，他想过用磷来照明，但是磷光太弱；他又想用它来制作可以发光的墨水，但是白磷在空气中会自燃，不可能用来书写。后来，他囊中羞涩，不得不把制作白磷的方法卖给了他人。其中，丹尼尔·卡夫付给了布兰德 200 枚银币，然后就制造白磷到欧洲宫廷演示磷发光的魔术，赚了一大笔钱。后来，英国科学家**罗伯特·玻意耳**从丹尼尔·卡夫那里搞到了一些白磷，并且在不知道配方的情况下自己独立想出了制作白磷的方法，然后他就写了一本化学书。

在书中，玻意耳讲述了磷自燃的现象，以及他对磷进一步研究的成果。玻意耳还给这种新物质起了“磷”这个学名，意思是冷光。不过，无论是布兰德还是玻意耳，都无法解释为什么尿液加热就能产生白磷。后来的化学家了解到，人体的尿液中含有磷酸钠、硅酸和含碳的物质，它们加热后发生化学反应，产生硅酸钠、一氧化碳和磷，该化学反应的方程式是：

$$4NaPO_3+2SiO_2+10C=2Na_2SiO_3+10CO+P_4$$

制作火柴，构成人体

不安全的火柴

玻意耳对磷进一步研究，他发现将磷和硫黄混合后，就形成一种红色的粉末，这种粉末更稳定，不会自燃了，但对它摩擦就能够起火，这启发了后来安全火柴的发明。

早期火柴的主要燃烧成分是白磷，在衣服上稍微一蹭就会着火，而且白磷燃烧产生的气体是有毒的。直到 19 世纪中期，欧洲人才发明了安全火柴，它的主要成分就是玻意耳当年发现的磷和硫黄的化合物。

到 20 世纪，人们发现磷是构成我们生命必不可少的元素，它广泛存在于人体所有细胞中，参与几乎所有的新陈代谢活动，包括维持心脏、肾脏和神经系统的正常工作。磷还是构成骨骼（包括牙齿）的重要物质。缺了磷，人是无法生存的。

布兰德的实验和单质磷的发现在科学史上意义重大，被认为是从炼金术到化学的分水岭。在此之前，只有结果难以验证的炼金术；在此之后，化学才作为一门真正的科学诞生了。

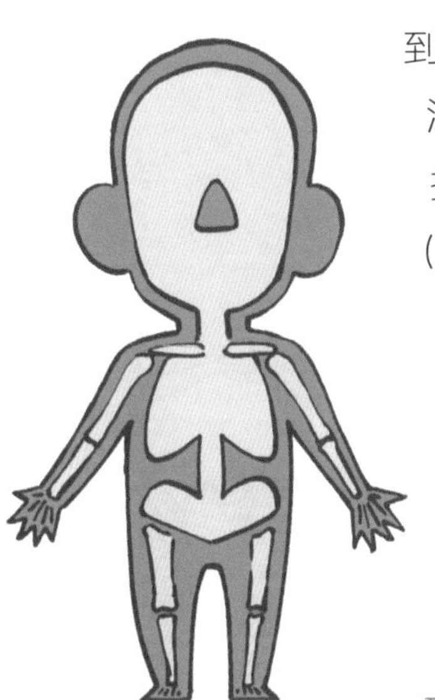
磷是构成骨骼的重要物质

第14课 白瓷为什么比黄金还值钱？

伯特格尔再发明瓷器的系列实验

在长达上千年的时间里，中国和朝鲜是世界上仅有的能够制造瓷器的国家。在六七百年的时间里，中国独占世界市场，也从世界瓷器贸易中获得了巨量财富。在大航海时代，中国人虽然没有直接参与大航海和地理大发现，但却是地理大发现的直接受益者，当时西班牙在美洲各大银矿开采出大量白银，其中 33%~40% 的白银都用来购买中国商品了，而瓷器正是其中的一大项。当时，中国瓷器在欧洲的售价与等重量的白银相同。

为了赚钱

对于这么赚钱的商品，欧洲人一直想自己制造，但是一直没有研究出方法。到 17 世纪末，欧洲出现了科学革命，在这个过程中，欧洲人掌握了通过科

学实验发明新东西的方法，这让他们能够“再发明”瓷器了。为什么说是“再发明”呢？因为此前中国人已经发明了瓷器，但是欧洲用的方法不同，所以用“再发明”这三个字较为合适。

欧洲人再发明瓷器的过程很富有戏剧性。这一切都要归功于一位超级瓷器收藏家——波兰国王、萨克森选帝侯奥古斯特二世。当时在欧洲，上层社会对中国的瓷器非常着迷，有一些王公贵族不惜血本收藏中国的名瓷，包括奥古斯特二世。他在参观了普鲁士国王宫殿里的瓷器收藏后，决定建造一间更大的瓷室，并且陆续收集了 2 万多件中国瓷器。他还曾用 600 名近卫骑兵从普鲁士国王腓特烈·威廉一世手中换来了 150 个大型龙纹瓷缸。

用骑兵交换瓷器的奥古斯特二世

18 世纪初，由于和瑞典的战争，萨克森公国的财力几乎枯竭了。于是奥古斯特二世希望通过炼金术获得贵金属。

1706 年，奥古斯特二世抓住了两个炼金术士，他命令二人为自己炼制黄金。为什么奥古斯特二世敢相信这两个炼金术士能够给自己带来财富呢？主要是其中一个叫作**约翰·弗里德里希·伯特格尔**的年轻人在当时的德意志地区很有名，据说他掌握了将廉价金属变成贵金属的办法。

掌握科学方法的炼金术士

伯特格尔生于 1682 年，他的父亲是一个造币厂的大师级工匠，但是在他刚出生不久就去世了。他的母亲改嫁给当地的镇长兼工程师蒂曼，这让伯特格尔得到了良好的技能训练。18 岁时，他在一名药剂师那里当学徒，这名药剂师也是一位炼金术士。当时，化学家、药剂师和炼金术士常常是一个人的三重身份。伯特格尔经常把自己关在实验室里研究物质转化的秘密，并且成为炼金术高手，名声在外。今天看来，伯特格尔可能很会做化学实验，能够把几种物质放在一起进行化学反应，产生新的物质。当时的普鲁士国王腓特烈・威廉一世是个对黄金贪得无厌的人，听说了伯特格尔的名声，就以保护他的名义把他拘禁起来，让他给自己炼金。伯特格尔很快逃了出来，但是又被奥古斯特二世抓住了。

奥古斯特二世把大名鼎鼎的伯特格尔软禁在阿尔布雷希茨堡里，让他制造一种“黄金酊剂”。这是当时传说中能够将便宜金属变成黄金的物质。虽然伯特格尔为了获得自由在努力做实验，但显然无法取得成功。奥古斯特二世也很快发现了外面的传闻都是假的，但是又不死心。他想到当时的瓷器价格也不比白银低，有“白色黄金”的美誉，于是就让伯特格尔研制瓷器。

客观地说，奥古斯特二世为伯特格尔建造的实验室条件还是不错的，他可以尝试用各种材料调制瓷土。伯特格尔尝试了用各种材料烧制，包括大理石、骨粉等颇为怪异的材料。1707 年，他烧出一种红褐色的陶器，但这种并不美观的瓷器是不可能有市场的。

烧制陶瓷有三个基本条件：

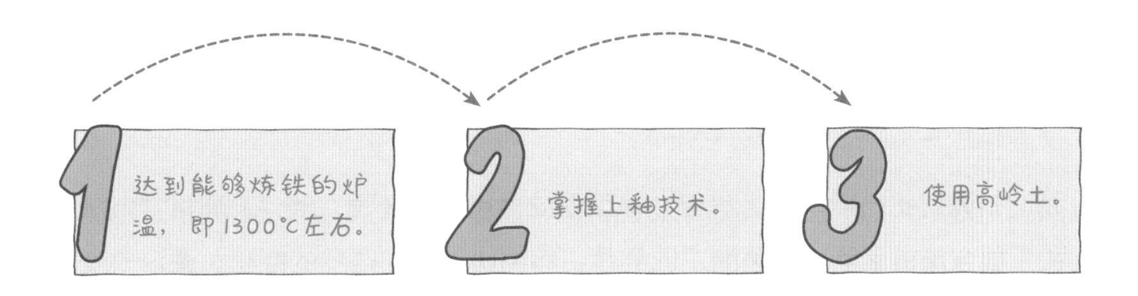

前两个条件欧洲人早就具备了，但是没有高岭土就不可能烧出洁白的瓷器，这个问题困扰了欧洲陶工几百年，伯特格尔也遇到了同样的问题。

不过，伯特格尔比较幸运，他于1708 年在德国的麦森地区发现了高岭土矿，但是他发现的高岭土矿无法直接制造瓷器，因为里面长石的含量较低，黏性不够。长石在瓷器的烧制过程中主要起到熔剂的作用，它将高岭土中的其他成分在高温下黏合在一起，形成胶状物，冷却下来就是胎色洁白、透明度高、致密坚硬、机械强度大的瓷器。缺了长石，烧出来的瓷器强度低，而且易碎。中国景德镇高岭山出产的高岭土（ 高岭土就是因为高岭山而得名 ）的长石含量就非常合理。

高岭土缺乏长石的问题也一度难住了伯特格尔，但是由于他比较会做实验，通过调配不同矿物质之间的比例，测试不同成分的瓷土烧制出的瓷器的质量，最终发现了可以在麦森的高岭土中加入长石成分，就能烧制出高质量的瓷器。

伯特格尔前后进行了 3 万多次实验，终于发现了最佳配比的瓷土，主要是麦森瓷土、长石和石英的配比。然后他在 1400℃的高温下，终于烧制出了第一批白瓷。这批白瓷保存在德国的德累斯顿，非常精美。从被带到阿尔布雷希茨堡到烧制出欧洲第一件瓷器，伯特格尔花了 4 年时间。虽然后世依然称伯特格尔为炼金术士，但他是一个有良好科学素养的人，他不仅记录了全部 3 万多次实验的过程和结果，而且把每一次实验的细小差异全部记录了下来。这些文献今天保存在德国德累斯顿国家档案馆里。

科学方法与工匠方法

我们如果对比一下伯特格尔和中国工匠发明瓷器的过程，就会发现科学方法和工匠方法的区别。中国的工匠靠几百年制作陶器和瓷器的经验，逐渐改变瓷土的配比和烧制工艺，掌握了制造瓷器的工艺。在这个过程中，一些工匠靠自己的聪明才智，突破了师傅们的经验，让制造瓷器的工艺得到改进。不过，这些工匠由于不明白烧制瓷器的化学原理，不仅很难进一步改进瓷器，而且之前的一些工艺还可能失传。

相比之下，以伯特格尔为代表的科学家研制瓷器的方法则截然不同，他们通过科学实验和对材料的分析，搞清楚了瓷器制造的原理，能够进行定量分

伯特格尔研究瓷器

析，通过细微调节瓷土中元素的配比和调整烧制过程，来制造各种精致的瓷器。在伯特格尔之后，英国发明家韦奇伍德发现在瓷土中加入含钙的牛骨粉可以让瓷器变得更结实、更洁白，于是他开始制造一种新的瓷器——骨质瓷器。今天很多高档的餐具都是用骨质瓷器制作的，它们比一般的瓷器更薄、更洁白透亮，也更结实。

可复制的科学方法

伯特格尔的成功直接给萨克森公国带来了巨大的财富和荣誉，今天德国的麦森依然是世界瓷都之一，并且在世界高端瓷器市场占有很大的份额。奥古斯特二世当然要独享瓷器制造的技术和利益，他把陶工们都关在城堡里。但是 5 年之后，即 1716 年，三名陶工逃出了城堡，来到了奥地利的维也纳，自己开起了瓷窑。50 年后，大小瓷器作坊就遍及欧洲了。

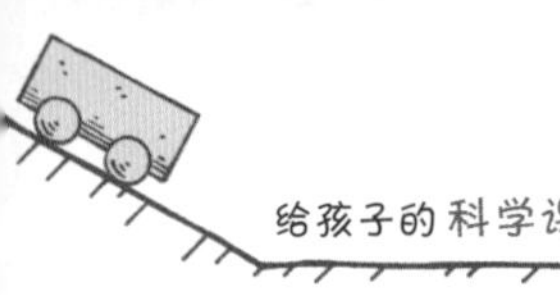

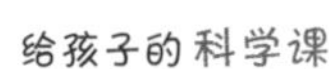

第15课 困扰人类几千年的两个问题是什么？

普里斯特利和拉瓦锡的燃烧实验

科学研究离不开定量分析与逻辑推理的科学思维。

有两个看似无关的问题，困扰了人类几千年。

第一个问题是为什么有些东西能够燃烧，而有些不能。到中世纪时，人们提出一个直观的解释，就是能够燃烧的东西，比如木头、油和酒，里面有一种燃素。因为木头燃烧后，灰烬就变轻了，酒精燃烧后，只剩下一点水，似乎燃烧就是燃素的释放。

第二个问题是为什么动物没有了空气就会死掉。人们认为，气是世界上的一种基本元素，人的生命需要气来维持。但是人在密闭的空间内待久了就会感到窒息，而这时你用手在空中扇一扇，依然能感到气的存在。

困扰人类的两个问题

坚持错误方向的发现

最先发现空气中存在氧气，同时发现氧气助燃现象的是英国科学家**约瑟夫·普里斯特利**。

普里斯特利幼时家境贫寒，但他学习非常刻苦。1764 年，31 岁的普里斯特利获得了爱丁堡大学的博士学位。两年后，他被推荐为英国皇家学会的会员。同时，他和瓦特等人，都加入了当时英国最活跃的民间科学社团——月光社。

十几位生活在英格兰中部的科学家、工程师、制造商常在伯明翰地区聚会交流，因为当时没有好的照明设施，且他们总是在每月最临近月圆的星期日之夜举行会议，于是便起了“月光社”这个名字。

在做研究的过程中，普里斯特利痛感自己缺乏化学方面的知识，于是把兴趣由物理移向了化学。在化学研究中，他注意到有关空气的一些现象，比如在封闭容器中，小老鼠几天后就会死去，但是容器里依然有空气；而啤酒发酵所产生的空气，会让燃烧的木头熄灭。于是他开始猜想，世界上其实有很多种不同的空气。

为了弄清这些问题，普里斯特利进行了多种有趣的实验。比如，他点燃一根蜡烛，把它放到预先放好小老鼠的玻璃容器中，然后盖紧盖子。普里斯特利发现，蜡烛熄灭之后，小老鼠很快就死了。为了解释这个现象，普里斯特利提出了一个假说，认为蜡烛燃烧会产生一种被污染的空气，会让小老鼠死亡。不过，当他把小老鼠换成一盆花时，花不仅没有死，还在继续生长。普里斯特利就认为，植物能够净化空气。

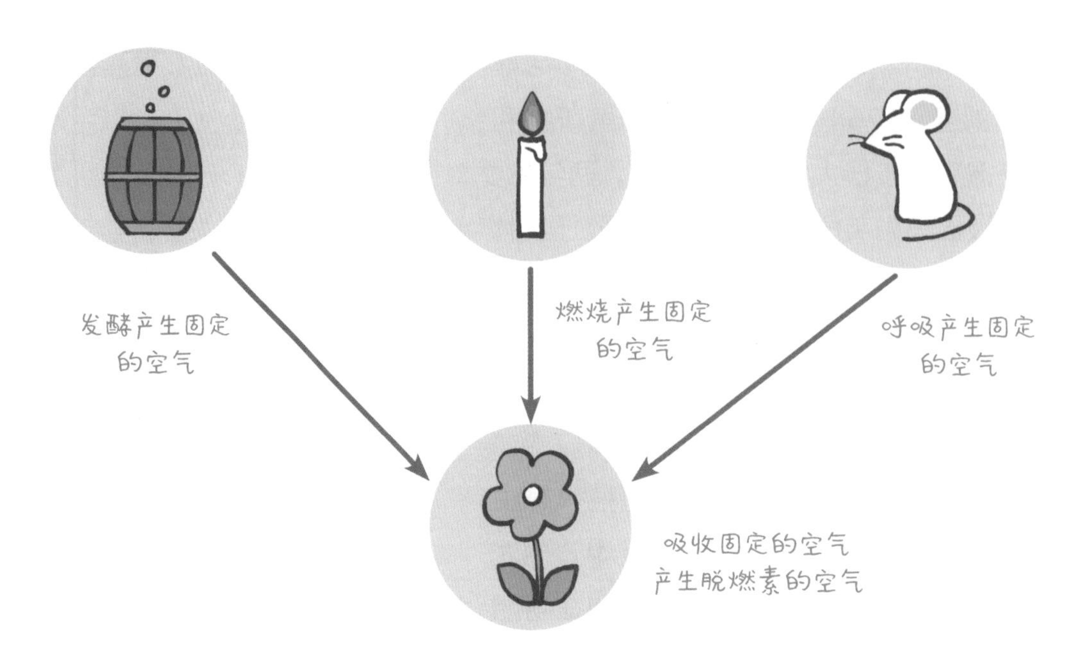

后来他又进行了很多实验，最后他发现，啤酒发酵、蜡烛燃烧，以及动物呼吸时产生的是同一种气体，当时人们称之为“固定的空气”，而植物可以吸收“固定的空气”，将它变成“脱燃素的空气”，也就是我们说的氧气。可见，他仍然受到燃素说的影响。

除了氧气和二氧化碳，普里斯特利还发现了 10 种其他气体，包括氮气、氨气、一氧化碳等。他把这些研究成果写成了《几种气体的实验和观察》一书，这是早期化学史上最重要的著作之一。

真正从本质上解释氧气的作用，并且回答了本章开篇谈到的两个基本化学问题的是法国的杰出化学家**拉瓦锡**。拉瓦锡在化学界的地位堪比牛顿在物理学界的地位。

化学界的牛顿

拉瓦锡是法国波旁王朝的贵族，也是个从不缺钱的角色，他研究化学做实验只是为了探索自然的奥秘。普里斯特利的研究成果给了拉瓦锡一些启发，但是和前者不同的是，拉瓦锡脑子里并没有预设的想法，而是根据实验结果去寻找答案。

> 氧气是作为一种助燃剂存在的，我们日常见到的空气中的燃烧绝大多数都依靠氧气，但助燃剂并不只有氧气一种，例如铁就可以在氯气中燃烧；而能否支撑燃烧也与可燃物的活泼性有关，例如二氧化碳可以扑灭一般的燃烧，但性质活泼的金属镁在二氧化碳中也可以燃烧。

拉瓦锡做了一系列燃烧实验，他通过定量分析和逻辑推理发现了燃素说的逻辑破绽：如果燃烧是物质中的燃素造成的，那么燃烧之后，灰烬的质量应该减少。但在进行金属镁的燃烧实验时，生成物质的质量是增加的，这说明一定有新的东西加入了燃烧的产物中。拉瓦锡在实验中有一个信条："必须用天平进行精确测定来确定真理。"正是依靠严格测量反应物前后的质量，他才确认了在燃烧的过程中，空气中的一种气体加入了进来，而不是所谓的燃素分解掉了。

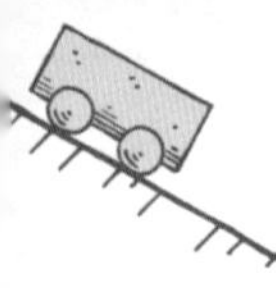

1777 年，拉瓦锡正式确认了空气中的这种气体，给它起名为**氧气**（oxygen），意思是生命必需的气体。随后拉瓦锡向巴黎科学院提交了一篇报告《燃烧概论》，用氧化说阐明了燃烧的原理。他在报告里阐述了氧气的作用，即首先必须有氧气参与，物质才会燃烧。氧化说合理地解释了燃烧生成物质量增加的原因，因为增加的部分就是它所吸收氧气的质量。氧化说同时也合理地解释了为什么动物需要氧气，因为动物的生命活动伴随着氧化过程，如果这个过程终止，生命就无法维持了。

氧气助燃

在研究燃烧等一系列化学反应的过程中，拉瓦锡通过定量实验证实了极其重要的质量守恒定律。在拉瓦锡之前，很多自然哲学家与化学家都有过类似观点，但是由于实验前后对质量测定的不准确，这一观点无法让人信服，因此只是一种假说。拉瓦锡通过精确的定量实验，证明物质虽然在一系列化学反应中改变了状态，但参与反应的物质的总量在反应前后是相同的。由于有了量化度量的基础，拉瓦锡用准确的语言阐明了这个原理及其在化学中的运用。质量守恒定律奠定了化学发展的基础。

质量守恒

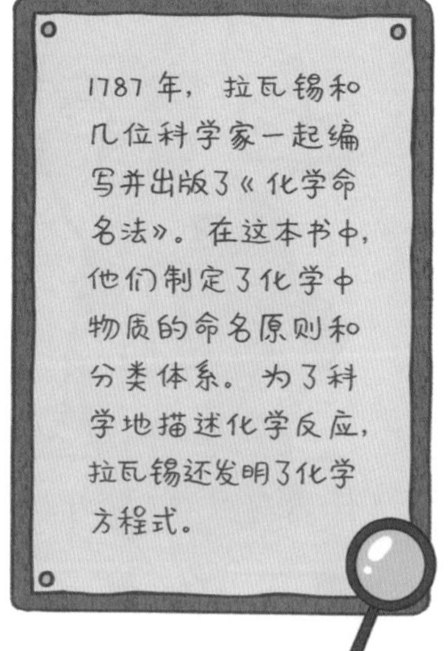

除了提出氧化说，确立了质量守恒定律，拉瓦锡还制定了今天广泛使用的公制度量衡，制定了今天使用的化学物质的命名法。这里面任何一项都足以让他名垂青史。

拉瓦锡通常被誉为化学领域的牛顿，因为牛顿建立了经典物理学的体系，而拉瓦锡则建立了化学的体系。在拉瓦锡之前，化学已经诞生了，但是化学家们贡献的都是各种零碎混乱的化学知识点，是拉瓦锡将它变成系统性的学科。

悲惨的结局

拉瓦锡最后的结局非常悲惨。虽然他在法国大革命中支持革命，并且主管当时的法兰西科学院，但是在 1793 年激进的雅各宾派掌权之后，拉瓦锡的厄运也就开始了，而对他的迫害恰恰来自被誉为“革命的骁将”的马拉。

马拉虽然是政治家，但是也想获得科学家的荣誉而名垂青史，因此，他写了一篇论文《火焰论》——一个伪科学的大杂烩。马拉把自己的大作提交到法兰西科学院，希望发表。身为院长的拉瓦锡当然不会理会这种毫无科学价值的著作，这样就和当时炙手可热的马拉结下了私怨，最终，拉瓦锡被判处了极刑。

拉瓦锡不仅在化学发展史上建立了不朽的功绩，而且确立了实验在自然科学研究中的重要性。拉瓦锡说，“不靠猜想，而要根据事实”，“没有充分的实验根据，从不推导严格的定律”。拉瓦锡在研究中首先要大量地重复前人的实验，一旦发现矛盾和问题，就将它们作为自己研究的突破点，这种研究方法沿用至今。

第16课 如何从天上取电？

富兰克林的雷电实验

没有电的生活会是怎样的？电早已成为我们生活中必不可少的一部分。不过人类对电的本质的认识其实只有两百多年的历史。在此之前，人类只是观察到两类和电有关的现象，一类和静电有关，一类和雷电有关。

无处不在的电

静电与“莱顿瓶”

在公元前 7 世纪到公元前 6 世纪时，古希腊的哲学家泰勒斯就发现，用毛皮摩擦琥珀后，琥珀会吸引细小的东西，就如同磁石能吸引铁块一样。在西方，“电子”（electron）一词就源于希腊语的“琥珀”。另外，人们还发现用玻璃和丝绸摩擦所得到的电，和用琥珀和毛皮摩擦所得到的电正好相反，于是就有了琥珀电和玻璃电之分。人们还注意到了闪电，知道它很危险，会劈死人，会烧毁建筑，但不知道静电和雷电是一回事。

到 17 世纪科学革命的时代，人类开始展开对静电的研究。首先，德国科学家朱利克受到摩擦起电的启发，在 1663 年设计了一个通过摩擦产生静电的装置。他的设计很简单，就是在转轴上安装一个硫黄球，然后用一个手柄摇动转轴，另一只手摩擦硫黄球。朱利克认为，既然摩擦能起电，这个装置就应该能产生静电。但事实上，这完全是一个失败的设计，因为人本身就是导体，靠摩擦产生的那点儿电荷早被人体带走了。

不过，朱利克的设计给了后人启发，牛顿建议将硫黄球改成玻璃球，而英国科学家弗朗西斯·霍克斯比用玻璃球和绒布制造了一个真正能够产生电荷的发电机。这是因为他恰巧使用了不导电的玻璃和绒布产生摩擦，得到的静电就保存了下来。不久之后，他又用抽气泵把一个玻璃球抽空，利用玻璃壳外的静电现象，进行了人类第一次的辉光放电实验。这个实验向人们展示了电是可以发光的。

辉光放电实验

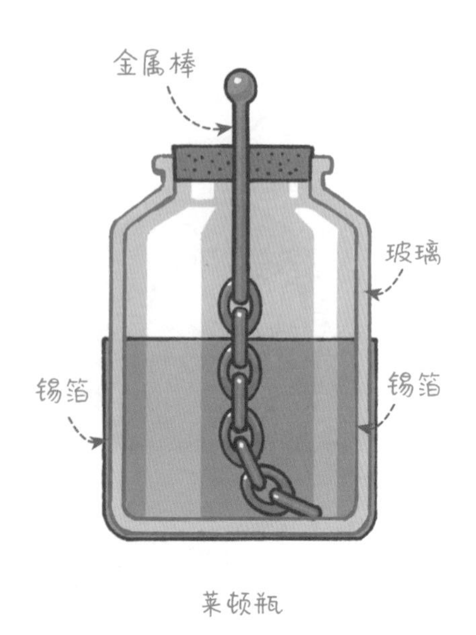

莱顿瓶

霍克斯比发电机产生的静电无法储存，因此做研究是很困难的。到1729年，英国科学家史蒂芬·格雷发现了导体和绝缘体的区别。人们从此明白，要想保存电，就需要把它存在绝缘的地方。到1745年，德国科学家冯·克莱斯特和荷兰莱顿市的科学家马森布洛克各自独立发明了一种存储电荷的瓶子，后来被称为**莱顿瓶**。莱顿瓶实际上是一个大电容，瓶子内部和表面有两个绝缘的锡箔，相当于电容器的两极，中间的玻璃是绝缘层。有了莱顿瓶，人们就可以储存通过摩擦产生的电荷，进而用来做实验了。

课本上的雷电实验

到18世纪中期，人类对静电有了一些粗浅的了解，但是对雷电（闪电）的知识几乎为零。直接研究雷电显然是不可能的，不过如果雷电和静电是一回事，就可以通过研究静电，了解雷电的性质。第一个揭示雷电本质的人是美国著名的政治家和科学家——**本杰明·富兰克林**。

富兰克林从小家境贫寒，只读过几年书，但是他聪颖好学，而且善于经营，很早的时候就赚足了钱，不再需要为生计发愁了。在大约40岁以后，富兰

富兰克林揭示雷电的本质

克林就把大部分时间花在了服务社会和进行科学研究上。从 1746 年开始，富兰克林进行了一系列电学实验，提出了电学的基础理论。我们今天使用的很多电学的基本概念，比如“正极”“负极”“电池”，都是他提出来的。

通过对电学的研究，富兰克林猜测静电和闪电具有相似性。于是他决定从天上“取电”，然后和静电做对比。有的科普书上是这么写的：

富兰克林当时做了个特殊的风筝，风筝上拴着一根金属棒，在手握的线轴上拴着一把钥匙，然后用一根细铁丝连接金属棒和钥匙。在 1752 年的一个雷雨天，富兰克林和他的儿子一道把这个特殊的风筝放上高空。当一道闪电从风筝上掠过时，富兰克林用手靠近钥匙，立即掠过一种令人恐怖的麻木感。他抑制不住内心的激动，大声呼喊：“威廉，我被电击了！”

富兰克林的这种做法实际上是非常危险的。第二年，俄国著名电学家利赫曼为了验证富兰克林的风筝实验，不幸被雷电击中死去。

风筝取电实验

真实的雷电研究

真实的情况与大家看到的上述版本略有出入。事实上，早在 1749 年，富兰克林就提出了闪电和静电是一回事的想法，并且将这个想法写信告诉了他的朋友——英国皇家学会会员彼得·克里森，由后者代为发表。为了证实这个假说，富兰克林还设计了一个验证实验。他建议在高楼上竖立一根金属杆，当雷暴云来临时，就可以通过金属杆把云里的电荷引下来。然后用金属杆上的电做实验，从而证明闪电和静电是一回事。富兰克林还提出，如果把金属杆接地，电荷就会释放到地下，可以避免雷击，金属杆就成了避雷针。

1752 年 5 月，法国科学家在巴黎郊外的一栋楼上竖起了金属杆，等到雷雨天到来时，实验者手持一根缠绕了铜丝的玻璃棒，触碰金属杆，带回了电。法国人重复了几次实验，证明了富兰克林的设想。由于富兰克林是费城人，法国人称之为“费城实验”，并且有很多科学家都先后在巴黎等地重复了这个实验，还有许多民众来围观“天火”。富兰克林也因此在法国一举成名，这为后来他成功游说法国加入美国反英同盟埋下了伏笔。

为什么富兰克林自己不亲自做这个实验？原因很简单，费城当时没有高楼可以用来做实验，他原本准备等费城的大教堂建好了再做。只是大教堂还没有建好，法国人已经完成了他设计的“费城实验”。于是富兰克林只好自己用风筝来做实验。不过，实验的细节和传说中有所不同。富兰克林在《费城报》上介绍说，在有雷电的时候，人躲在屋里通过门窗放风筝，风筝上有一根导电的绳子和一根绝缘的丝带，绳子的另一端连着一把钥匙。注

费城实验

意不要让雨把丝带打湿，也不要让风筝绳子碰到门框或窗框。绳子被雨打湿后，就会把雷暴云里的电荷引导下来。人的手要拉住干的丝带，不会触电，电荷都聚在了钥匙上，把电荷收集起来就可以做实验了。

富兰克林的成就影响深远

后来，克里森在英国皇家学会上宣读了富兰克林的这篇文章。从此，富兰克林在英国科学界名声大噪，英国皇家学会给他送来了金质奖章，还请他担任了学会会员。后来，哈佛大学和耶鲁大学都授予了他名誉学位，牛津大学授予了他名誉博士学位。

对于当时美国社会更有意义的事，是富兰克林在搞清楚了雷电的原理后，发明了避雷针。1754 年，避雷针开始在费城使用，但是当时很多人不接受它。后来在一场雷阵雨中，没有装避雷针的大教堂被雷电击中着火了；而装有避雷针的高层房屋却平安无事。不久，避雷针相继传到英国、德国、法国，最后普及世界各地。

富兰克林不仅对于电学本身的贡献很大，而且给早期自然科学的发展提供了一个方法，就是设计可靠的实验，验证科学假说。富兰克林可能不是第一个想到雷电和静电是一回事的人，但他是第一个设计出合理的实验，并验证这种假设的人。

第17课 电池是怎么被发明出来的？

伏特的电池实验

电池是生活中很常见的东西，如果没有电池，电的便利程度就要大打折扣了。电池是怎么被发明出来的呢？

各式各样的电池

有关青蛙腿的争执

储存更多的电以备使用一直是个难题，解决这个问题的人是意大利物理学家**亚历山德罗·伏特**。电压的单位就是为了纪念伏特而命名的。

伏特生于1745年意大利科莫的一个贵族家庭。据说伏特小时候智力发育迟钝，4岁才会说话。但到7岁，他赶上了其他孩子，并且逐渐超越了同龄人。14岁时，伏特决心当一名物理学家，后来他成为当地中学的物理老师，在课余进行电学研究。

1775年，伏特改进了手摇产生静电的装置，人们通常也把这种装置称为“起电盘”。这个装置有一块覆有硬橡胶的金属电极板，另有一块和绝缘手柄相连的金属电极板。摇动手柄，金属电极板摩擦硬橡胶板，就会产生静电。

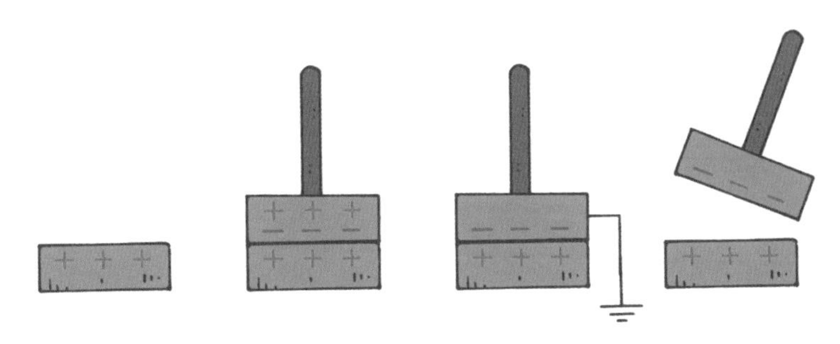

其实，伏特发明电池是为了证明自己的理论是正确的，而另一名物理学家路易吉·加尔瓦尼是错误的。

加尔瓦尼是 18 世纪意大利的物理学家和生理学家，也是一位大学教授。他和伏特曾经是朋友，一同合作做研究。有一次，加尔瓦尼在实验中发现，当把两种不同的金属连到青蛙腿上，再把这两种金属连通起来时，青蛙腿就会动，检测一下，就会发现两种金属上产生了电流。加尔瓦尼的解释是，青蛙能够产生电，并且称之为生物电。但是伏特认为，电源于两种不同的金属，青蛙体液是帮助金属产生电的电解质，而青蛙则是探测电流的探测器。这两位科学家就电的来源问题吵了起来，后来成了对头。

关于青蛙腿的争吵

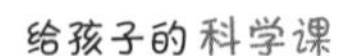

电池的诞生与改进

为了证明自己的解释是正确的，伏特设计了一个实验。他用稀酸代替了青蛙的腿，然后把两个不同的金属放到盛有酸的高脚杯中，在两个金属之间，他检测到了电流。随后，伏特测试了很多不同的金属组合，他发现把有些金属组合放到电解质中，能产生较多的电流，有些则不行。经过对各种金属的测试，他提出了金属电极电势的概念，即每一种金属都有自己的电势，一对金属如果具有不同的电势，就能够产生电势差（也就是我们今天常说的电压），进而产生电流。所有的金属组合中，伏特发现锌和铜的组合能最有效地产生电。后来我们使用的干电池，里面就是这两种金属。不过，伏特当时还无法解释为什么两个不同金属之间会有电压差。

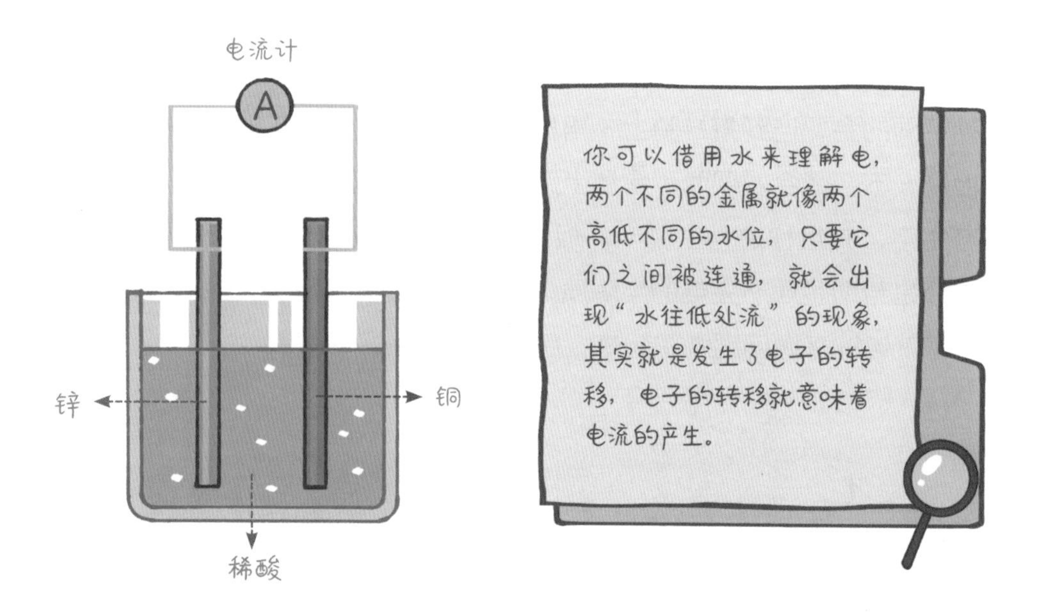

这个问题一直到 20 世纪初才被解决，物理学家和化学家搞清楚了原子的结构，知道一些金属的原子比其他金属的原子更容易失去电子，这才形成了电势差。比如铜和锌这一对金属，锌比较活跃，锌的原子比起铜的原子容易失去电子，锌和铜放在一起，锌的电子就会往铜那里跑，这就形成了电压。

由于一个电池的电压不是很高，伏特想到了将多个电池串联起来产生高电压的做法。1799 年，伏特按照自己的设计，把几个盛放稀酸的杯子排在一起，然后在每个杯子中放一块锌片和一块铜片，并用导线将前一个杯子中的铜片和后一个杯子中的锌片连接。最后，两端接上导线。伏特用手指捏住两端的导线，他的手指和身上都感觉麻木，这说明这种电源装置产生了相当大的电压。伏特称之为电池堆，而他的助手建议叫作“伏特电池”，这是世界上最早的电池组。

伏特电堆

由于盛酸的杯子不方便携带使用，伏特在 1800 年改进了电池的设计。他用渗透了盐水溶液的硬纸板替代盛酸的杯子。在这个硬纸板上下两面，分别是铜片和锌片。这就做成了一个电池，然后，他把许多电池摞起来，形成了一个电池组。这个电池组也被称为“伏特电堆”，下面锌的一端是负极，上面铜的一端是正极。这种电池组里面没有大量的液体，很容易经过封装后携带。不久之后，他的学生尼科尔森将伏特电池变成实用的产品。

电气时代的起点

伏特电池的原理，后来不仅被用于制作电池，还被用来防止金属生锈被腐蚀。早期人们为了防止金属生锈，只会刷上防锈漆，但是时间一长，防锈漆会脱落，钢铁部件依然会生锈。伏特所发明的电池原理给人们提供了一种主动防止生锈的新方法——牺牲阳极保护法。简单地讲，所谓生锈，就是金属失去了电子，被大气中的氧原子获得了。如果在钢铁等金属件上，附着一块比钢铁更活跃的金属，比如锌，那么锌就会把电子补充给钢铁，防止钢铁生锈。

伏特电池的发明，使得物理学家们有了电源进行各种电学研究，促进了电学研究的发展。在整个电的时代，伏特电池是一个重要的起点，它带动了后来电气的普及，以及新发明的产生。

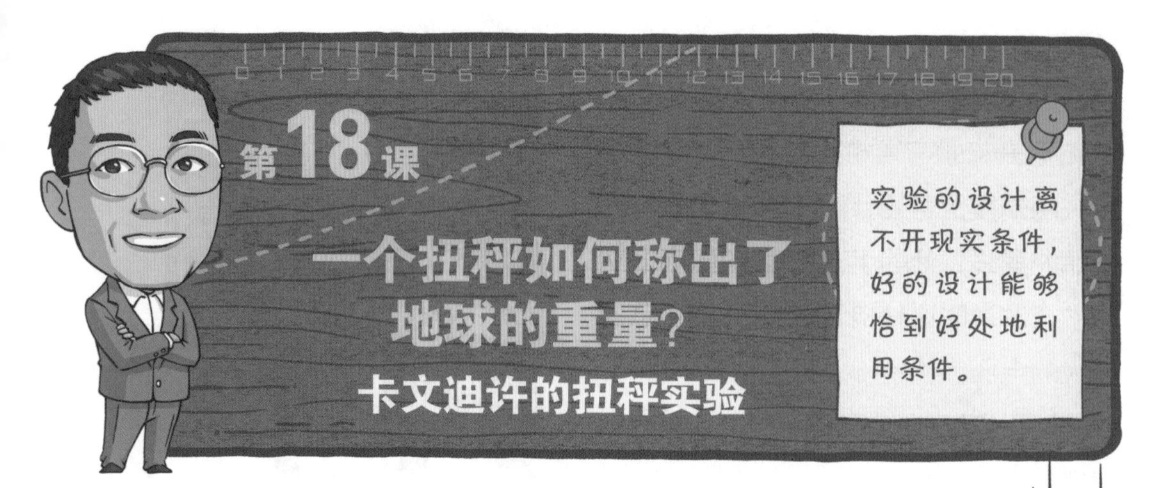

17 世纪，牛顿用万有引力定律解释了宇宙中日月星辰的运动规律，解释了为什么苹果会落到地上而不会飞到天上。牛顿还给出了万有引力定律的一个公式。

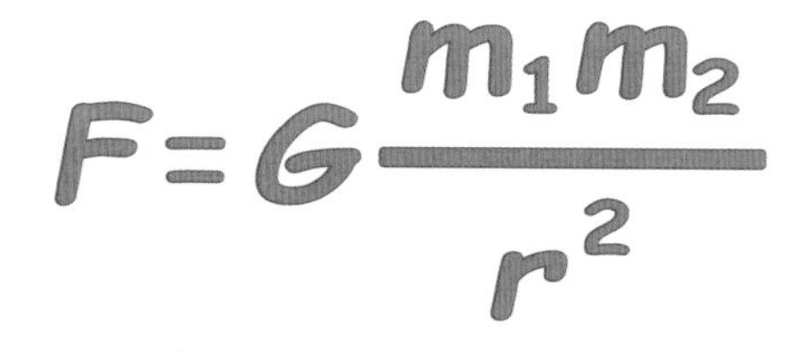

$$F=G\frac{m_1m_2}{r^2}$$

万有引力公式

未完成的实验

由于不知道地球的质量，牛顿也不知道万有引力常数 G 等于多少。不过，根据物体在地球上的重量，大家推测出 G 是一个很小的数，这就更增加了测量 G 的难度。因此，在之后的 100 年里，没有人想出测定万有引力常数的办法。

1783 年，一位叫作约翰·米歇尔的英国自然哲学家设计了一个进行万有引力定律实验的仪器。

米歇尔设计了一个扭力天平（俗称扭秤），来测量万有引力常数，这个装置设计得非常巧妙。

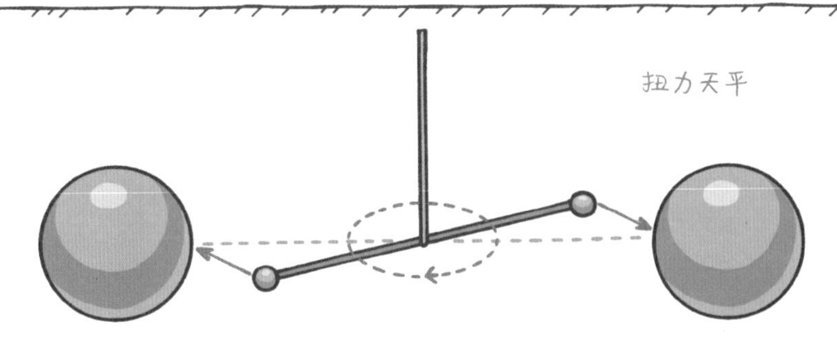

这张图是扭秤的俯视图，中间是一根绳子，系着一根 6 英尺（约 183 厘米）长的棍子。棍子的两端有两个直径 2 英寸（约 5 厘米）、重 1.61 磅（约 0.7 千克）的铅球。在离小球 9 英寸（约 23 厘米）的地方，放着两个大铅球，每个直径为 12 英寸（约 30 厘米），重 348 磅（约 158 千克）。两个大铅球的中心连线和木棍成一定的夹角。由于大铅球和小铅球之间有微弱的引力，这个引力会带动木棍往顺时针方向旋转。另一方面，木棍旋转后，会让绳子扭起来，形成一个对抗大铅球引力的扭力，当绳子的扭力所产生的扭矩和大铅球引力所产生的扭矩平衡时，木棍就不动了。然后测量绳子产生的扭矩，就能算出大铅球对小铅球产生的万有引力。

> 这个装置所展现出的万有引力依然是很微弱的，实验的精巧之处就在于转化，把不容易观察的现象变成容易观察的，把不容易计算的变成容易计算的。比如，你想观察拍打桌面时桌面的震动，直接观察桌面是很难看出的，但如果你把一个小石子或是一根头发放在桌面上，就很容易通过它们观察到震动了。米歇尔的实验就是将测量微弱的万有引力转化为测量扭矩。

米歇尔的装置设计得非常巧妙。但是，他在开始做实验之前（1793年）就去世了。临终前，他将这个实验装置交给了他的终生好友**亨利 · 卡文迪许**。

测定万有引力常数

卡文迪许是有名的科学怪才，一生沉默寡言，不善交际，也懒得和人打交道。由于其家庭地位和父母留给他的大量遗产，他曾是伦敦银行的最大储户，但他将心思专注在科学研究上，对财产不闻不问。

卡文迪许对米歇尔的实验装置进行了改进，他增加了木棍上连着的铅球的质量以获得更大的引力。1798 年，卡文迪许进行了首次实验。木棍上的两

个小铅球被旁边两个巨大的铅球吸引，产生了微小却能够被测量的扭矩。但最大的麻烦在于，悬空的木棍其实很难完全静止，因此他不得不在木棍接近静止状态时多次测量旋转的角度。另外，由于物体之间的万有引力太小，实验中，大铅球和小铅球之间产生的万有引力不到 1.74‰牛顿，大约相当于 1 克水的重力的 0.2‰。

在化学上，卡文迪许发现水是由氢气和氧气按照 2:1 的比例构成的，空气中大约有 1/5 的氧气和 4/5 的氮气，此外还有大约 1/120 的惰性气体。他还发现大理石之类的碳酸盐和酸反应会产生二氧化碳。只不过因为卡文迪许从不发表他没有研究透彻的东西，以至于很多成果没有及时为人所知。

为了防止空气流动和温度变化造成的测量误差，卡文迪许把整个装置放在家里一个密封的房间里，然后又做了一个大木盒将其套起来。卡文迪许在房间里开了两个洞，然后用望远镜观察扭秤的运动。在实验中，木棍的位置只移动了大约 0.16 英寸（约 4.1 毫米）。卡文迪许在木棍末端装了游标卡尺以便对微小距离进行测量。卡文迪许设备的精确度在当时是非常高的，达到 0.1 毫米。直到 100 年后，查尔斯·弗农·博伊斯才制造出更精确的同类装置。

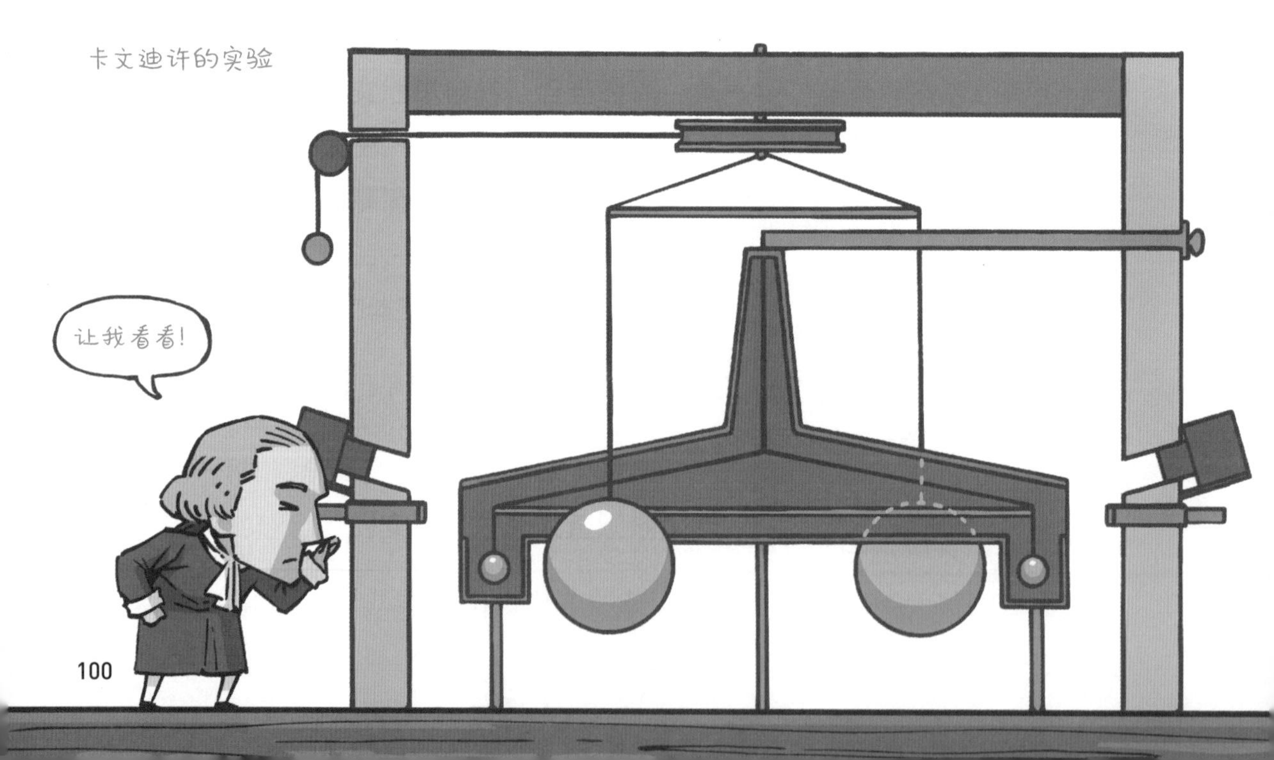

卡文迪许的实验

测定天体质量

测量天体质量

测量出大铅球和小铅球之间的万有引力之后，卡文迪许进而推算出万有引力常数。接下来，卡文迪许又利用万有引力常数以及地球的半径，算出了地球的质量和平均密度。卡文迪许推算，地球密度为水的密度的 5.448 ± 0.033 克 / 立方厘米，这个数值和今天精确计算出的 5.51 克 / 立方厘米已经非常接近了。

卡文迪许测定万有引力常数的实验是物理学史上的经典实验之一，它不仅直接证实了牛顿的万有引力定律，解开了万有引力常数之谜，使得人类之后能够估算出各种遥远天体的质量，而且在实验的过程中还发明了扭秤这种仪器。

卡文迪许之后，人们通过地球的质量、地球与太阳的距离，以及地球绕日运转周期，计算出了地球和太阳之间的引力，然后算出了太阳的质量。又用同样的方法，算出了月球的质量。再根据太阳的质量，算出了太阳系所有行星的质量。

> 早期计算月球的质量使用的是潮汐法，或者假设月球与地球密度相当的情况下，通过测得月球体积来推算月球质量。后来人类发射探测器到月球，精确计算并修正了月球的质量数值。

今天，我们常听说某个天体的质量是多少，都是用这种方法算出来的。扭秤后来不仅成为进一步精确测量万有引力常数的工具，也是很多当代实验仪器的前身。在当时的技术条件下，完成这个实验的难度极大。卡文迪许做出了创造性的发明，才让这个实验得以在 18 世纪的技术条件下完成。

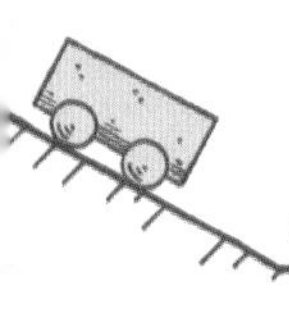

第19课 如何将机械能转化成热能？焦耳的热力学实验

在工业革命之后，人们试图使用更少的能量做更多的事情，甚至总有一些人幻想着不使用能量，也能让机器不停地工作，人们把这种想象出来的机器称为永动机。从古至今，一直有人乐此不疲地试图发明永动机，其中有不少是骗子，剩下的则是傻子。

拒绝永动机

是啤酒商，也是科学家

为什么永动机不可能制造出来？这其实相当于在问：为什么任何机械做功，都需要耗费能量？回答这个问题的是19世纪英国著名的物理学家**焦耳**。今天，能量的单位就是以他的名字命名的。不过在当时，可能更多的人只知道他是啤酒商，而不知道他还是科学家。

焦耳于1818年生于曼彻斯特。在16岁那年，焦耳和他的哥哥在著名科学家道尔顿的门下学习。他跟着道尔顿学习了两年数学和几何，后来因为道尔顿年老多病而结束了这段求学生涯，不过这段经历影响了焦耳的一生。因道尔顿的推荐，焦耳进入了曼彻斯特大学。焦耳的父亲经营着一家颇为有名的啤酒厂，受家庭影响，他从大学毕业后开始参加自家啤酒厂的经营，并且在这个行业非常活跃。焦耳毕业后回到家，在经营啤酒厂的同时，搭起了自己的实验室，在工作之余做科学研究。起初，焦耳从事科学研究只是个人爱好，不过随着他在科学上的成就越来越高，他在科学上花的精力也越来越多。作为科学家，他接受新事物的速度非常快，他开始研究用当时新发明的电动机来替换啤酒厂的蒸汽机。

科学和经营两不误

很多人觉得，焦耳发现能量守恒定律是他在搅拌啤酒花时获得的灵感，这种说法毫无根据。事实上，焦耳最初的研究领域是电学，当时电学是非常时髦的新学科。

在做电学实验时，焦耳发现电流会产生热量，于是从 1840 年到 1843 年，焦耳对电流转换成热量进行了大量的实验和研究，并且得出了电流产生热量的公式，即后来的焦耳定律。

$$Q=I^2Rt$$

这个公式在证实能量守恒方面是一个巨大的进步，因为它说明电能可以转化为热能。焦耳发现这个规律后十分兴奋，他把自己的研究成果投给了英国皇家学会。焦耳本以为这个重大的发现会让学会大吃一惊，但遗憾的是，学会并没有意识到这是人类历史上最重要的发现之一，而是对这位“乡下的业余爱好者”的发现表示怀疑。焦耳的这一重大发现后来刊登在英国的《哲学杂志》上。这份杂志远不如《英国皇家学会会刊》出名，但却是一份高质量的杂志，后来它还刊登过大名鼎鼎的麦克斯韦的重要发现。

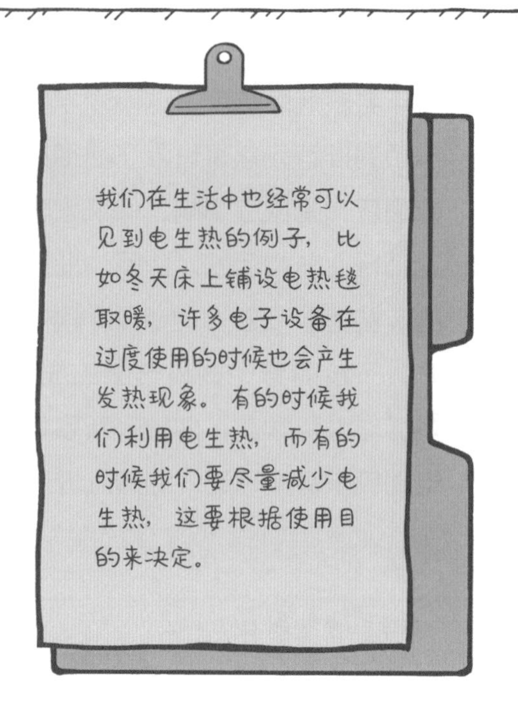

被学会拒绝后，焦耳并不气馁，而是回到家中继续他的科学研究。在曼彻斯特，焦耳很快成为当地科学界的核心人物。

被拒绝的焦耳

能量转换，能量守恒

从 1843 年开始，焦耳认识到各种能量都能以一定的方式相互转换，因此将他的研究从电能和机械能的转换扩展到机械能和热能的转换。所谓机械能，就是指运动物体本身所包含的动能，或者物体在高处所具有的势能。在伽利略的时代，人们就知道这两种机械能是可以互相转换的。比如，物体从高处落下，势能就转换为动能；快速运动的物体冲上斜坡，速度就下降了，而高度提升了，动能就转换为势能。但是，过去人们并不了解这两种机械能和其他形式的能量之间的关系。

在焦耳之前，人们根据生活经验，已经感受到机械做功会产生热能，比如古人钻木取火，平时人们用手快速摩擦家具的表面会感觉发烫，但是没有人知道机械能和热能之间是如何转换的。比如将 100 千克重物提升 10 米所需要的机械能，相当于把 1 杯水增加多少摄氏度所需要的热能。在历史上，弗朗西斯・培根、牛顿、汉弗莱・戴维等著名科学家和学者都想搞清楚机械能与热能是如何转换的，但是都没有成功。

为了搞清楚这个关系，焦耳设计了一套非常精密的实验装置。这套装置的一头是连着滑轮的重锤，它从高处落下时会释放重力势能做功，然后驱动装置另一端的搅拌器，搅拌器中有水。水被搅拌后，温度升高，把重力势能转化为热能。

除了这套装置，焦耳还设计了另一套测定机械能和热能关系的装置，就是用压缩空气驱动搅拌器做功产生热量。不过，让焦耳获得成功的是前一套装置。

机械能（当时也被称为功）相对热能的转换比率较低，也就是说，需要消耗很多机械能才能将水的温度提升一点点。因此，这项研究成功的关键在于如何精确地测量细微的温度变化，为此焦耳做了一年多的实验，并且在这个过程中不断改进实验装置，并最终取得了成功。

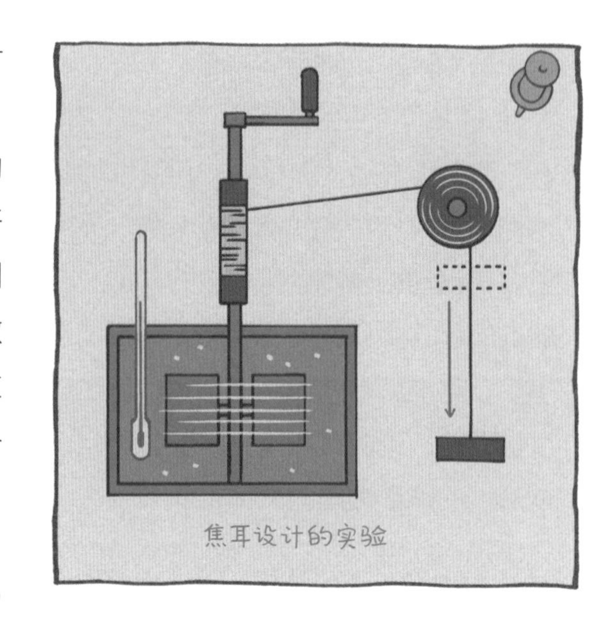
焦耳设计的实验

当焦耳向英国皇家学会宣布他的成果时，科学家普遍怀疑其准确性，因为焦耳宣称他能测量1/200℃的温差，这在当时是无法想象的事情。因此，英国皇家学会再次拒绝了焦耳的论文。这篇重要的论文后来还是发表在《哲学杂志》上。英国皇家学会的科学家们其实忘记了一件事，焦耳是啤酒商出身，他有当时最精确的测量仪器，对温度的测量远比他们想象的准确得多。

1845 年，焦耳在剑桥大学宣读了最重要的一篇论文——《关于热功当量》，他介绍了功能转换实验，即以下落的重物带动容器中旋转的搅拌器，将重物的势能转换成容器中水的热能，他还给出了他所估计的热功当量常数，即 1 卡路里等于 4.41 焦耳（现在我们采用了更精确的 1 卡路里等于 4.18 焦耳）。这一次，科学家们开始相信焦耳的成果了。在此后的五年里，焦耳还在不

焦耳
不是真的吧？
好像有道理！

断地优化他的实验设备和测量工具，1850 年，他最终给出的热功当量值是 4.159，和今天的 4.184 已经非常接近了。

今天我们通常把机械能（也就是做功）W 和热量 Q 之间的关系写成公式 $W=JQ$，J 就是焦耳实验得到的热功当量，即机械能和热能之间的比例。

“业余”终于被认可

1847 年，焦耳在牛津大学又做了一次学术报告。现场有不少重量级听众，包括法拉第、流体力学专家乔治·斯托克斯，以及威廉·汤姆森，也就是后来的开尔文勋爵——那个提出绝对温度的人。他们都听得很入迷。虽然法拉第和开尔文对焦耳的结论还是心存疑惑，不过这时，科学界倾向于承认焦耳的功能转换定律了。1850 年，焦耳当选为英国皇家学会会员，两年后，他获得了英国皇家学会科普利金质奖章，其实这也是当时世界最高科学奖。两年后，也就是 1852 年，开尔文开始和焦耳进行合作。在这期间，他们二人的研究硕果累累，其中包括著名的焦耳 - 汤姆孙系数。这项成果还让焦耳关于分子运动论的观点被学术界广泛接受。今天各种蒸汽机和内燃机引擎的设计都少不了应用焦耳 - 汤姆孙效应。

在物理学方面，焦耳还有很多其他值得我们记住的成就，比如他确立了分子运动的学说，以及原子论，并且成功地应用分子运动的理论解释了热力学的各种现象。

焦耳通过他的研究工作告诉世人一个事实：能量不会凭空产生，它只能从一种形式变成另一种形式。要想让机器工作，就要给它们不断提供能量。

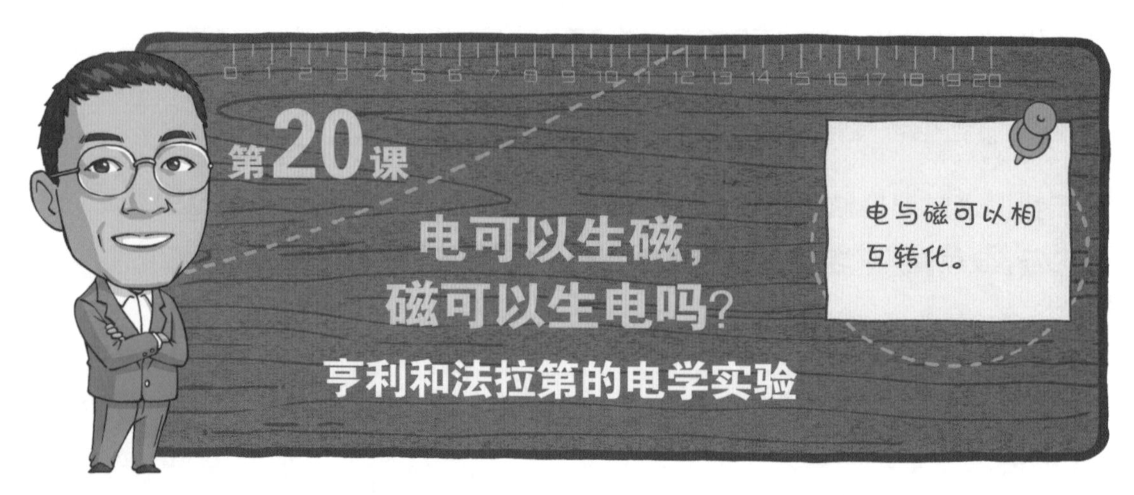

第20课 电可以生磁，磁可以生电吗？

亨利和法拉第的电学实验

说到磁铁，人们往往会联想到它能吸引铁，或是指向南北的性质。如果不特意留心，生活中我们很难将电与磁这两种摸不着的东西联系在一起。事实上，电可以生磁，磁也可以生电，它们之间的关系要比人们直观印象里更为密切。

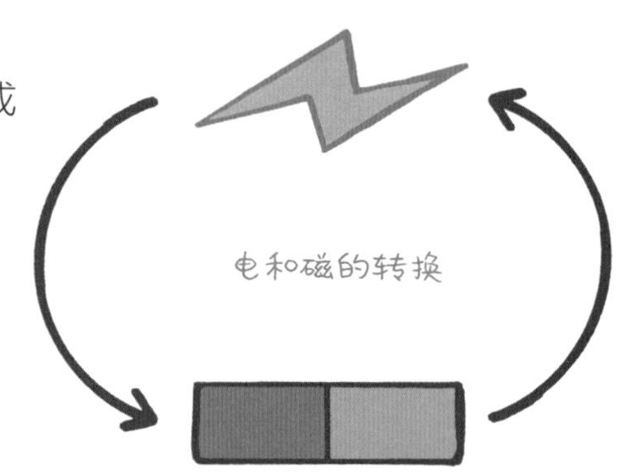
电和磁的转换

发明电磁铁

1820 年，丹麦物理学家**奥斯特**发现电流周围有磁场效应。1826 年，法国物理学家**安培**发现通电的线圈可以产生磁场，并且给出了电流和磁场的关系。在他们研究工作的基础之上。两位远隔大西洋的电学专家，几乎是在同时各自独立地发现了电磁感应现象，他们的研究成果直接导致了实用电动机和发电机的诞生。这两个人便是美国科学家**约瑟夫 · 亨利**和英国发明家**法拉第**。

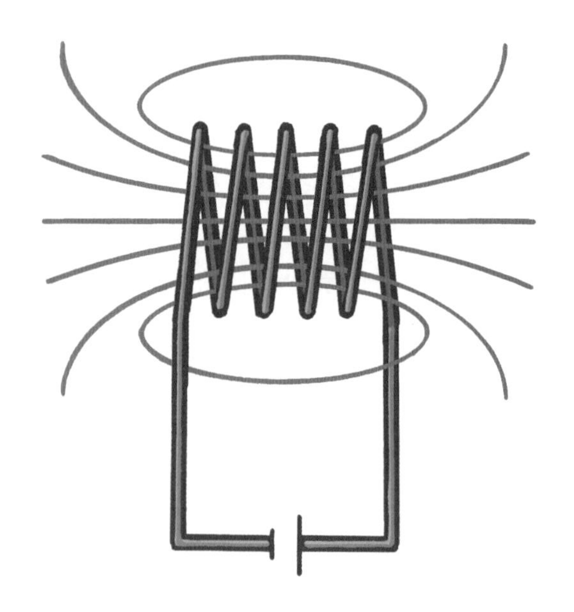
通电线圈产生磁场

亨利出生在纽约州奥尔巴尼市一个贫穷的工人家庭。他在 13 岁时因为家贫而失学，后来在钟表铺当学徒。他刻苦自学，考进了奥尔巴尼学院，原本打算当一名医生以获得高收入，可是却阴错阳差地当上了大学教授。

当你为一条直的金属导线通电时，导线周围的空间将产生圆形磁场。导线中的电流越大，产生的磁场越强。磁场呈圆形，围绕导线周围。这就是电生磁的现象。

亨利对磁学很感兴趣。当时奥斯特和安培等人已经发现了电流的磁现象，但是通电线圈产生的磁场较弱，亨利希望提高磁场的强度。当时人们用裸露的电线缠成一个弹簧的形状，制成微弱的电磁铁。亨利当时就在想，如果能够让电线多缠绕几圈，磁场的强度会不会变强呢？但是如果裸线缠得太多、太密，就会彼此接触导致短路。为了防止电线圈相互接触，亨利使用丝线包住电线，做成绝缘线。果然，电线圈所产生的磁力增强了。不过要进一步提高磁力，靠缠更多圈的电线就不那么有效了。

怎样才能使磁场在空中发散呢？亨利想到一个办法，就是将绝缘电线缠绕在一个马蹄铁上。由于铁是磁性金属，这样一来磁场就集中在马蹄铁当中了，他因此发明了电磁铁。通上电流后，这个小小的电磁铁居然能吸起它自身重量上百倍的铁块。后来亨利对电磁铁稍加改进，做出了更厉害的强电磁铁。强电磁铁也是今天发电机和电动机中最核心的部分。

电磁铁还有一个天然磁铁没有的特性，就是它的磁性可以完全由电流控制，这样就可以用电磁铁制作继电器。继电器就是一种电动控制开关，它可以控制远处的电路。

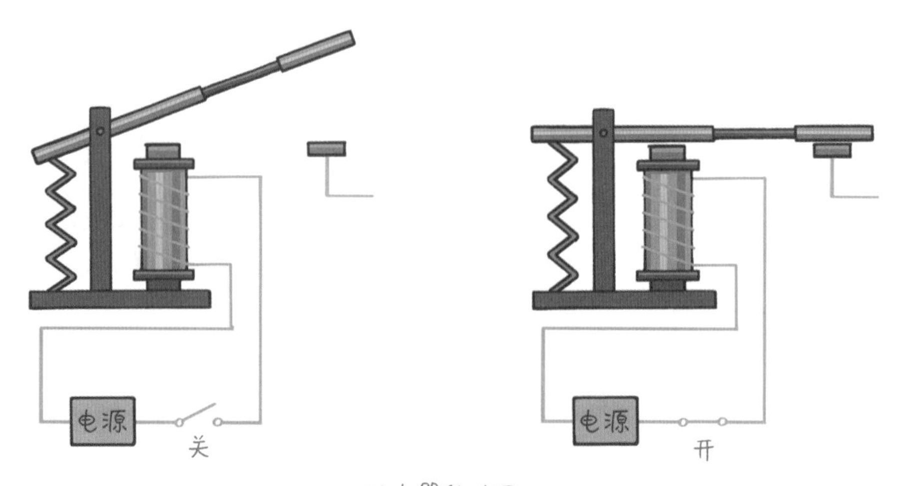

继电器的作用

如果你把电路的接通和断开与电报码对应起来，一个最简单的电报机就构成了。事实上，电报的发明者莫尔斯在研究电报时，就请了亨利做顾问，帮助解决电报传输的问题。

电磁感应现象的研究

1830 年 8 月，亨利在电磁铁两极中间放置一根绕有导线的铁棒，然后导线接到电流表上形成回路。他发现，当电磁铁的导线通电后，电流表的指针会向一边偏转，然后回到零点；当导线断开的时候，指针向相反的方向偏转，并回到零点。这比法拉第发现电磁感应现象早了整整一年。但是，当时美国的学术气氛不如欧洲，亨利甚至没有意识到这个实验成果的重要性，以至于没有发表。在很长时间里，电磁感应的发现都归功于更早发表了研究成果的法拉第，我们今天中学物理课本中也是这么讲的，而大家对亨利的贡献知之甚少。

> 自感现象是一种特殊的电磁感应现象，是指导体本身电流变化导致了自身的磁场变化，进而自身产生电磁感应现象。

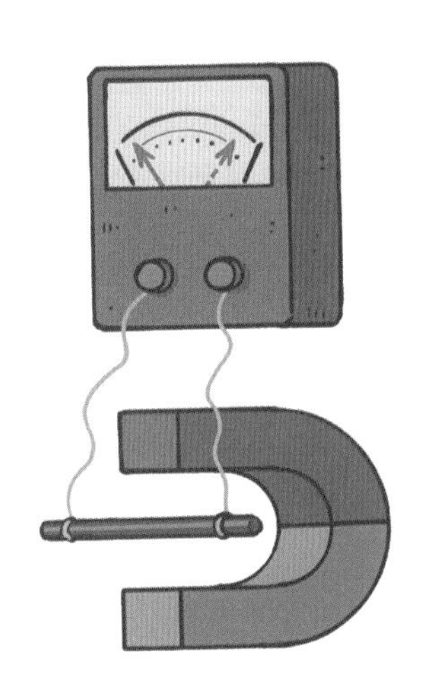

电磁感应现象

简单来说，电磁感应现象就是不断变化的磁场会产生电场。如何获得不断变化的磁场呢？我们前文讲述了电生磁现象，所以可以用不断变化的电来产生不断变化的磁场。

我们如果能够把磁场限制在很小的范围，就可以做成变压器。那怎么才能限制磁场的范围呢？我们只要把电线缠到一个封闭的铁圈上就可以了。今天我们看到的变压器就是这么做成的。在变压器中，有一个铁圈，它上面缠绕着两个匝数不同的线圈。当我们向一个线圈通入变化的交流电时，铁圈上就产生了变化的磁场，然后变化的磁场就在另一个线圈中形成电流。今天，手机等小电器的无线充电设备，也是利用电磁感应原理制作的。

如果我们不把磁场限制在一定的范围，会发生什么情况呢？这时，电场产生磁场，磁场又产生电场，不断向四周传播，就形成了无线电波。后来的无线电就是这样发明的。

1832 年，亨利在研制更大吸力的电磁铁时，发现绕在铁芯外面的通电线圈在断开电路时有电火花产生，这就是自感现象。由于亨利的发现，人们知道了为什么在电路接通和断开的一瞬间会产生巨大的电流，从而在设计大电流的电器设备时会增加保护电路。

漂洋过海的知己

当亨利在美国研究电磁学时，在大西洋彼岸的法拉第也在从事类似的研究，只不过他们都不知道对方的研究工作。

相比亨利，法拉第的命运更加坎坷。由于家境贫穷，法拉第没有接受过高等教育，他是历史上少有的完全靠自学成为科学家的人，不过后世更倾向于把他归到发明家的行列。法拉第的电学知识很多来自他为书商工作时所读的科学著作。当时他只有 14 岁，因为生活所迫，为一位书商工作。这份工作薪水并不高，但是能让他读到大量科学书籍，特别是当时最热门的研究领域电学的专著。

20 岁时，他开始旁听汉弗莱・戴维的课，并且经常向他请教。戴维是当时大名鼎鼎的科学家，英国皇家学会会长，他是世界上发现化学元素最多的人，在电学上也有很多贡献。后来，戴维因为做实验把眼睛搞坏了，需要请一位助理，

法拉第读书“充电”

于是便想到了法拉第。能在戴维身边工作对喜爱科学的法拉第来讲是求之不得的事情，于是他辞去了书商那里的工作，成为戴维的助理。

不过，戴维和他的夫人并不把法拉第当作年轻的学者看待，几乎把他当成了仆人。法拉第虽然很不情愿，但是为了做研究，还是选择留在了戴维身边，但很快，法拉第在电学方面的造诣超过了戴维。一位叫作富勒的慈善家开始资助法拉第的研究，并且为他在皇家研究院创立了富勒化学教授这个职位。于是法拉第就离开了戴维，成为独立的科学家，并且后来当选为英国皇家学会会员。

不知是出于嫉妒，还是什么原因，戴维在法拉第成果丰硕的时候开始阻挠后者的研究工作，并且抓住法拉第一次行为上的错误，禁止了法拉第的电学研究。直到 1829 年戴维去世，法拉第才有机会重新回到学术界。

1837 年，亨利访问了欧洲，他和法拉第共同度过了一段愉快的日子，两位发明家在一起做实验，交流经验，这是大西洋两岸的电学科学家第一次共同做实验，探讨科学问题。

法拉第后来利用电磁原理发明了一种电磁旋转机器，这就是今天电动机的雏形。在此之前，一些人试图发明电动机，但是由于缺乏理论指导，都没有成功。后来为了纪念法拉第在电学上的成就，电容的单位（法拉）便以他的名字来命名。而亨利后来当选为美国国家科学院院长，他的名字被作为电感的单位。

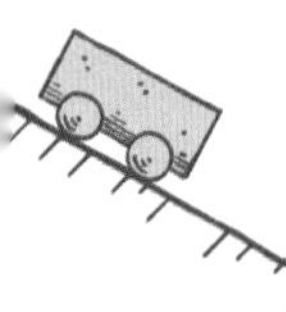

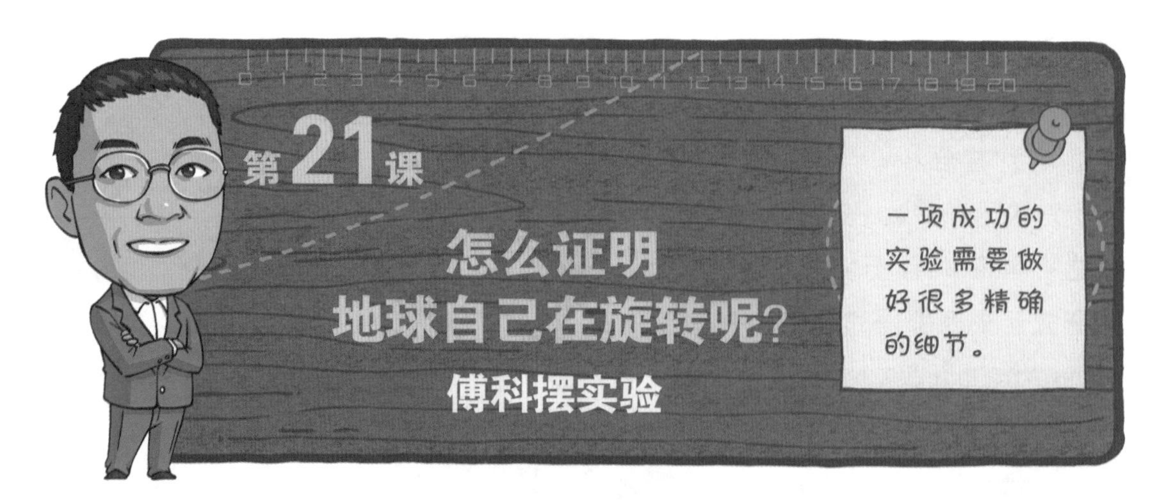

我们每天都能看到太阳、月亮和星辰东升西落，自然会想到它们在围绕我们运动，如果不是老师和家长告诉我们，这其实是因为地球在自转，那么凭自己的感觉，我们可能无论如何也想不到这一点。不过，好奇心往往会驱使我们思考，怎么证明地球自己在旋转呢?

谁在绕谁转

看似艰难的任务

在历史上，人类自从接受了日心说，就一直在想办法证实地球自转，但当时人类还没有进入太空，要想证明地球在自转是一件很难的事情，这就如同你坐在匀速行驶的汽车上，无法判断是汽车在前进，还是其他物体在向后移动一样。

在漫长的历史中，“地心说”在很长时间里占据主导地位，也就是认为地球是宇宙的中心，日月星辰围绕地球旋转。在托勒密引入“本轮”概念对地心说进行改良后，它对行星位置的预测准确度非常高。

直到 19 世纪中叶，法国物理学家**傅科**设计出一种非常精巧的、能在地球上进行的证实地球自转的实验，才让人直观地体会到地球在自转。

傅科是一位出版商的儿子，1819 年出生于巴黎。他早年想学医，但是因为晕血改学了物理学。傅科研究的主要方向是光学，并且在光学上取得了不少成就，包括测量了光速，改进了达盖尔的摄影技术，并且发明了能够观察太阳的望远镜。不过，今天人们记得他主要还是因为他设计了证实地球自转的傅科摆实验。

单摆原理

如果我们在地球的南极或者北极放一个单摆，它会在重力的作用下来回摆动，而且摆动的方向是固定不变的。假如地球是不旋转的，那么无论经过多长的时间，单摆摆动的方向和地面相对的位置都应该保持不变。假如地球是围绕南北极之间的轴旋转的，那么由于摆动的方向不变，但是地球本身转动了，因此我们就应该能够看到摆动的方向和地面的位置相对发生了变化。比如经过 6 个小时，由于地球转动了 1/4 圈，即 90 度，原来“南北”向摆动的单摆，就会变成“东西”向摆动。[①]类似地，原来东西向摆动的单摆就会变成南北向摆动。再经过 6 个小时，它又会恢复原来的摆动方向，这其实是因为它摆动的方向转了 180 度。再经过 12 小时，也就是一天的时间，单摆下面的地球正好旋转了一周，单摆摆动的方向会回到开始的位置。

单摆方向的变化

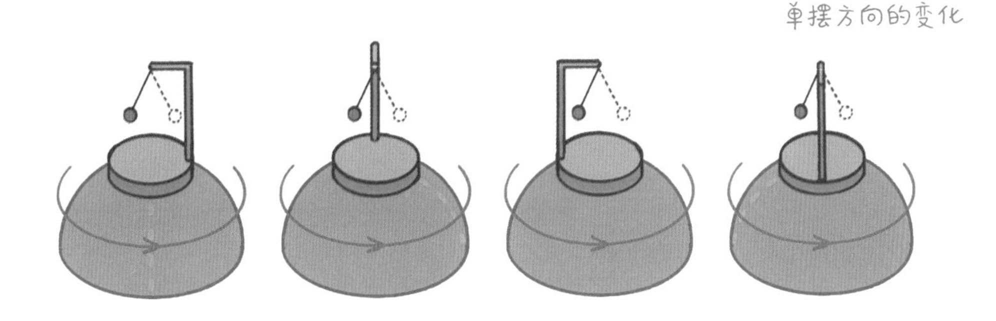

① 若单摆放在北极点，则它的四方应该都是南方；若放在南极点，则它的四方应该都是北方。文中此处的东西南北也可理解为在地球上方俯瞰，如果本来是上下摆动，经过 6 小时会变成左右摆动。

同步通信卫星也称同步轨道通信卫星，是发射到与地球自转周期同步的圆形轨道上的通信卫星。从地面上任意观察点看去，同步通信卫星都是静止不动的。你试着向前举起手臂并且握拳，胳膊保持不动，然后脚下开始转圈，这时，拳头就可以看作你的同步通信卫星。

如果我们在赤道上放一个这样的单摆，是否会看到摆动方向的改变呢？不会，因为你从赤道的上方看，地球是不旋转的。今天我们把同步通信卫星发射并定位在赤道的上方，就是因为卫星从那个地方俯视下去，地球是相对静止的。

如果我们在地球的其他地方放一个单摆，随着地球的自转，我们所看到的单摆摆动的方向也会周期性变化，只是它变化的周期比在南北极要长。比如在北京附近，单摆摆动方向转一圈的周期大约是37 小时。

单摆这种装置已经存在了上千年，但是我们为什么没有注意到单摆摆动的方向相对地球位置的变化呢？首先我们要把钟摆排除出去，因为钟摆摆动的方向被锁死在钟表指针的平面，而钟被固定在地球上，因此钟摆摆动的方向被强行扭曲了，大家是看不到钟摆摆动方向变化的。要想看出单摆方向的变化，就需要它具有往任何方向摆动的自由度，比如一根细线拴着一个重锤构成的单摆就是符合要求的。但是，这种单摆在生活中很多，我们似乎也没有感受到摆动方向的变化，这是由下面两个原因造成的：

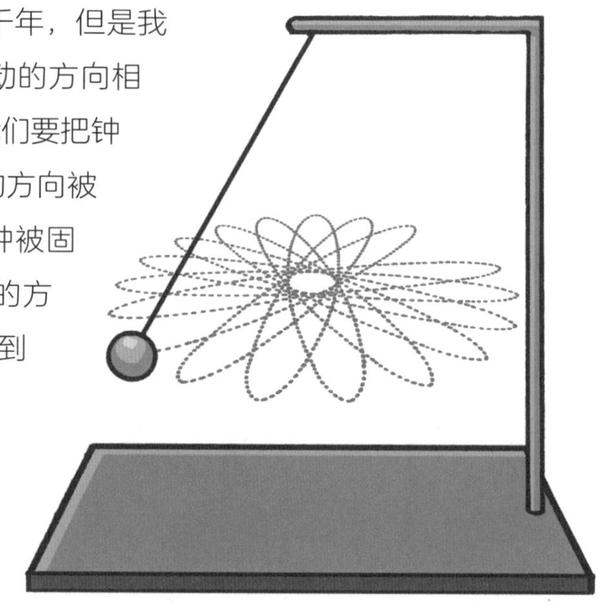
地球非极点、非赤道地方看到的傅科摆运动曲线

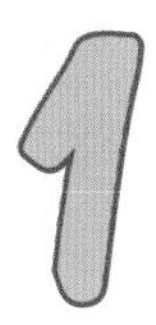

一是单摆不够长，摆动的幅度有限，而我们观察的时间也不够长，摆动方向细微的变化不明显。比如我们在北京放一个半米长的单摆。在北京单摆摆动方向转一圈的时间大约是37小时，我们就算36小时，一小时也就是转10度角。如果我们观察1分钟，它只转了1/6度角，我们肉眼很难看出这么小的角度变化。假如这个单摆往一个方向摆动的幅度是10厘米，转了1/6度角，只相当于摆锤在摆到最上方时比1分钟前移动了0.3毫米。除非我们用工具测量，否则这个变化是感受不到的。

二是由于空气的阻力，绝大多数单摆摆动不了几下就会停下来。因此，即使你希望观察得时间长一点，哪怕仅长到一个小时，也很难做到。

傅科了不起的地方在于，他想到了上述两个问题。

广受欢迎的傅科摆实验

1851年2月，傅科在巴黎天文台的子午仪室做了一个非常高的单摆，这个摆锤运动的幅度就比较大，同时他用了一个非常重的摆锤，这样摆锤就不太受空气阻力的影响，能够摆很长时间。假设一个单摆高10米，摆动的幅度能达到每边1米，它能够摆1小时。那么1小时后，单摆摆动的方向就会和原来的方向差出10度角，摆锤摆到最上方时，比先前移动了17厘米。这个变化还是能察觉到的。傅科在做实验时邀请了民众来观摩，大家看到了单摆方向的变化。实验成功了！这就证实了地球在旋转。

不过，由于巴黎天文台的空间比较小，不能容纳太多的观众，而且单摆变化的幅度还不够大，大家要看清摆动方向的变化，需要等待很长时间。于是，傅科决定到当时法国最高的拱顶建筑——先贤祠再做一次实验，同时让更多的民众来观摩。几个星期之后，傅科在巴黎先贤祠的拱上安装了一根67米

长的钢丝，悬挂着一颗 28 千克重的铅锤，这个铅锤摆动的幅度有好几米。由于巴黎的纬度比北京更高，铅锤方向转一圈是 31.7 小时，相当于每小时旋转 11 度角。傅科在铅锤摆动下方的地面上画出了角度，让大家更容易看到角度的变化。

1855 年，这个单摆被移到法国国立工艺博物馆。在此后的一个半世纪里，每年都有成千上万的观众在那里看当年的傅科摆，直到 2010 年钢丝断了，当初的傅科摆摔坏了无法修复为止。在傅科的实验成功以后，很多博物馆和大学的大厅里，也安放了这个简单的实验装置。据说，这是最受欢迎的实验装置。

当然有人还会怀疑，傅科摆摆动方向的变化是不是因为人一开始推动摆锤时用力不正，导致它偏移。为了避免人为因素的影响，傅科当时在启动傅科摆时不是用手推动的，而是把摆锤先拉到一定的高度，用棉线拴上，然后用火烧断棉线，以避免不必要的侧向运动。

在成功完成傅科摆实验之后，傅科又开始思考用其他方法证明地球自转。他在第二年，也就是 1852 年，发明了陀螺仪。傅科发现，高速转动中的转子，由于惯性作用，它的旋转轴永远指向一个固定方向。随后，傅科用陀螺仪也证明了地球在旋转，对比陀螺仪旋转的方向和地面物体的方向就能知道地球在旋转了。

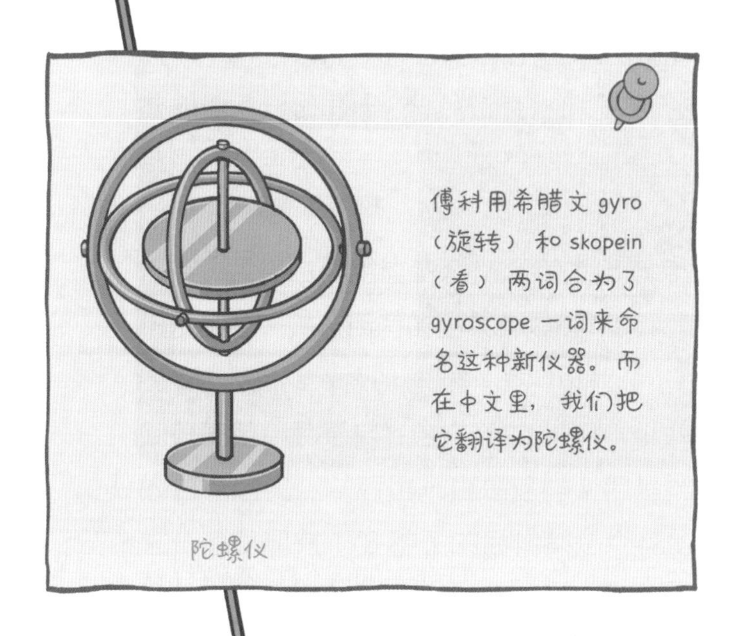

到 19 世纪 60 年代，出现了电动马达，这可以让陀螺仪不停地旋转下去，进而诞生了用于在海上导航的仪器——旋转罗盘。到 20 世纪，人们发现陀螺仪在军事方面的重要性，它可以确保飞机和导弹的飞行方向。今天，陀螺仪已经民用化了，像赛格威这样的电动踏板中间都有陀螺仪用于维持平衡。

傅科摆证实地球自转实验，它的原理其实并不复杂，但是要让这个实验成功，需要解决很多细节问题，这一点傅科做到了。从此以后，人们不再怀疑地球在自转了。

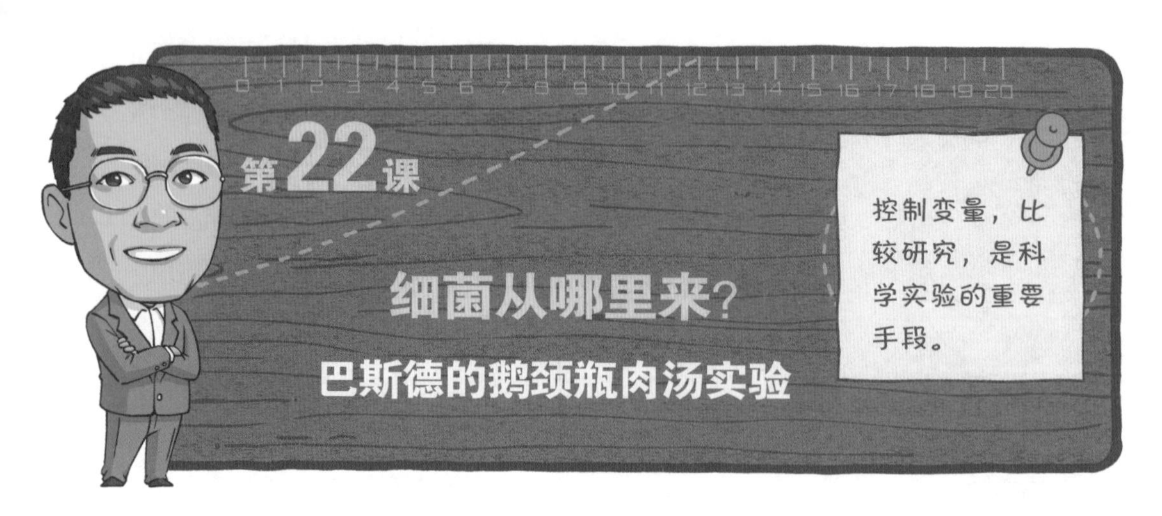

第22课 细菌从哪里来？巴斯德的鹅颈瓶肉汤实验

很多疾病是由细菌造成的，这在今天是个常识，但过去的人们并不这样认为。如果很多人都陆续出现类似的身体症状，人们会将其归类为“瘟疫”这个概念，并认为瘟疫是上天的惩罚，并没有意识到许多疾病是由微生物造成的。

瘟疫中的人类

减少感染从洗手开始

人类认识到细菌能够致病源于一个偶然的发现。1847 年，奥匈帝国的医生**塞麦尔维斯**发现，在他接诊的生完孩子的产妇当中，发高烧生病死亡的比例特别高，有些病房甚至高达 10%。这一年，他外出行医游学数月。在这几个月中，他负责的病房里只有护士替他照顾产妇，而产妇的死亡率居然下降了很多。这件事，加上以前大家注意到的另一个现象，即有医生照料的病房里的产妇死亡率，比只有护士（没有医生）照料的病房里的产妇死亡率要高。这让塞麦尔维斯想到，会不会是医生们把“毒素”带给了病人。

赛麦尔维斯所在的维也纳总医院是一家研究型医院，医生们出于研究目的常会做尸体解剖，但护士不会，可能恰恰是接触过尸体的医生把毒素带给了他们随后去照顾的产妇。于是塞麦尔维斯开始执行严格的洗手制度。这么做之后，产妇的死亡率便直线下降了，降到了 1% 以下。当时塞麦尔维斯并不知道“毒素”是什么，也就无法解释这种做法的有效性，因此当时其他的医生并没有严格遵循洗手消毒的原则，更没有将生病和微生物感染联系起来。

酿酒中的秘密

发现细菌这种微生物能够导致疾病的是 19 世纪 60 年代法国微生物学家**巴斯德**。

巴斯德于 1822 年 12 月 27 日出生于法国东尔城的一个贫穷的制革匠家庭。在他小时候全家都过着颠沛流离的生活，直到 8 岁才上小学。17 岁时，巴斯德进入贝桑松皇家学院学习哲学，随后获得文学学士学位，经过曲折的努力，他又获得了第戎大学科学学士学位（普通科学）和数学学士学位，这些学位相当于中国的大专学位，或者说是进一步深造的预科学位。

法国的高等教育体制和世界上大部分国家都不一样，它们最好的高等学府不是像巴黎大学这样的大学，而是一些高等专科学院，其中最有名的是巴黎高师（巴黎高等师范学院），这个学院招生人数极少，现在它每年也不过录取几十名本科学生。

后来，巴斯德考进了巴黎高师，并获得了科学学位，然后被一个地方大学任命为教授。但是他听从了导师的建议，回到巴黎高师担任职位很低的研究助理，并且很快在物理学和化学中做出了成绩。

1848 年，26 岁的巴斯德被任命为斯特拉斯堡大学化学教授。几年后，他成为这所大学的化学系主任。不久，他来到里尔大学，担任科学院院长。在那里，巴斯德开始了对发酵的研究。为什么要研究发酵呢？因为法国是出产葡萄酒的大国，而酿酒和发酵有关。

当时虽然欧洲人用酵母酿酒、做面包已经上千年了，但是人们并不知道酵母里面有什么东西，为什么和好的面不放酵母也会自动发酵，葡萄汁或者糖汁放一段时间就会出现酒精，再放一段时间就会变酸。

1856 年，里尔当地的一位酿酒商就酒中的酸味问题请教巴斯德，这位酿酒商的儿子是巴斯德的学生。巴斯德通过不断做实验，验证了德国生物学家西奥多・施旺的一个观点，即酵母中有微小的活的生物。但施旺并不知道酵母中这种微小的生物是细菌，也不知道这种后来被称为酵母菌的微生物在发酵的过程中起着什么作用。巴斯德发现，这种微生物可以将糖转变成酒精和乳酸。

巴斯德研究发现，空气中有很多微生物，它们会在啤酒、葡萄酒和牛奶中生长，这就是那些饮料变质的原因。根据这个理论，巴斯德发明了一种低温消毒法，将牛奶等液体加热到 60~100℃，这足以杀死其中大多数细菌。这种消毒法被称为**巴氏杀菌法**，或者低温消毒法，并且很快就被应用于啤酒和牛奶的防腐工序。今天大家在很多鲜奶的盒子上还能看到产品经过了“巴氏杀菌”的字样。

巴斯德通过对微生物的研究进一步发现，微生物不仅会让饮料和食物腐烂，还会导致人和动植物生很多疾病，塞麦尔维斯所谓的“毒素”，就是那些有害的微生物。

“肉汤”实验

接下来，巴斯德又在思考一个更加基本的问题，这些微生物是从哪里来的？当时普遍的看法是：被污染的东西会自然产生微生物。这种看法符合人的直觉，比如伤口脏了就会感染，食物接触到不干净的空气就会腐败。因此人们普遍认为，那些脏东西可以产生细菌，这种理论被称为“自然发生论”。巴斯德对这种理论非常怀疑，他更愿意相信细菌本来就存在，只是人体或者食物提供了它们生存和繁殖的环境，但是巴斯德需要通过实验证明他的想法。恰巧当时法国科学院设立了“阿尔亨伯特奖”，给予任何能够证明或者推翻细菌自然发生论的人。

当时，有不少生物学家都试图通过实验找到支持或者推翻自然发生论的证据，但由于实验设计得不合理，都没有取得预想的成果。1862 年，巴斯德则设计了一系列实验，成功地证伪了自然发生论。

巴斯德靠着可靠的实验和严谨的分析，否定了有关微生物的自然发生论，建立了“生源论”。也就是说，任何生物都诞生于同类生物，而不是从非生物中蹦出来的。

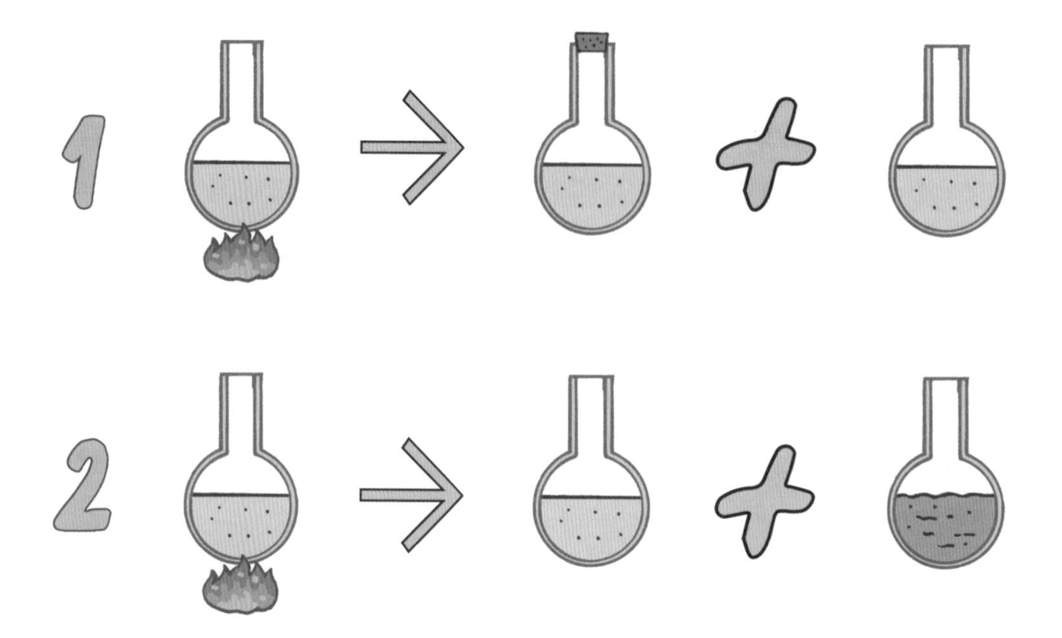

1 第一个实验：将煮沸的肉汤倒进烧瓶中，同时将热空气通到烧瓶中，然后封死烧瓶，由于肉汤和空气中的细菌都被杀死了，因此这个烧瓶中的肉汤没有腐败变质，这说明没有生命的肉汤虽然有营养，却没有自动产生生物。

2 第二个实验：让盛有煮沸肉汤的烧瓶口部敞开，和空气接触，很快烧瓶中的肉汤就变质了。这说明空气中可能有细菌，进入了放肉汤的烧瓶。

3 第三个实验：用鹅颈瓶将肉汤煮沸，鹅颈瓶有个细长的管子，允许空气进入。但是由于管子很细，里面很难形成空气的对流，而且空气中的灰尘颗粒和细菌都会被静电吸附在玻璃管的表面。巴斯德将鹅颈烧瓶放了三天，里面的肉汤依然清澈，表明其没有变质产生微生物。他把这个瓶子继续放下去，据说放置了数月，肉汤依然能保鲜。巴斯德给出的解释是，细菌被吸附在玻璃管内侧，它们本身无法移动。

4 第四个实验：将鹅颈瓶倾斜，让肉汤液体接触到敞口处，这时细菌就沿着细管中的肉汤进入烧瓶，整个烧瓶的肉汤就变质了。巴斯德在显微镜下发现，细菌有鞭毛，在液体中，它们可以靠鞭毛游动。当肉汤的液体接触到瓶颈前端有细菌的部分时，细菌就沿着液体进入整个烧瓶。

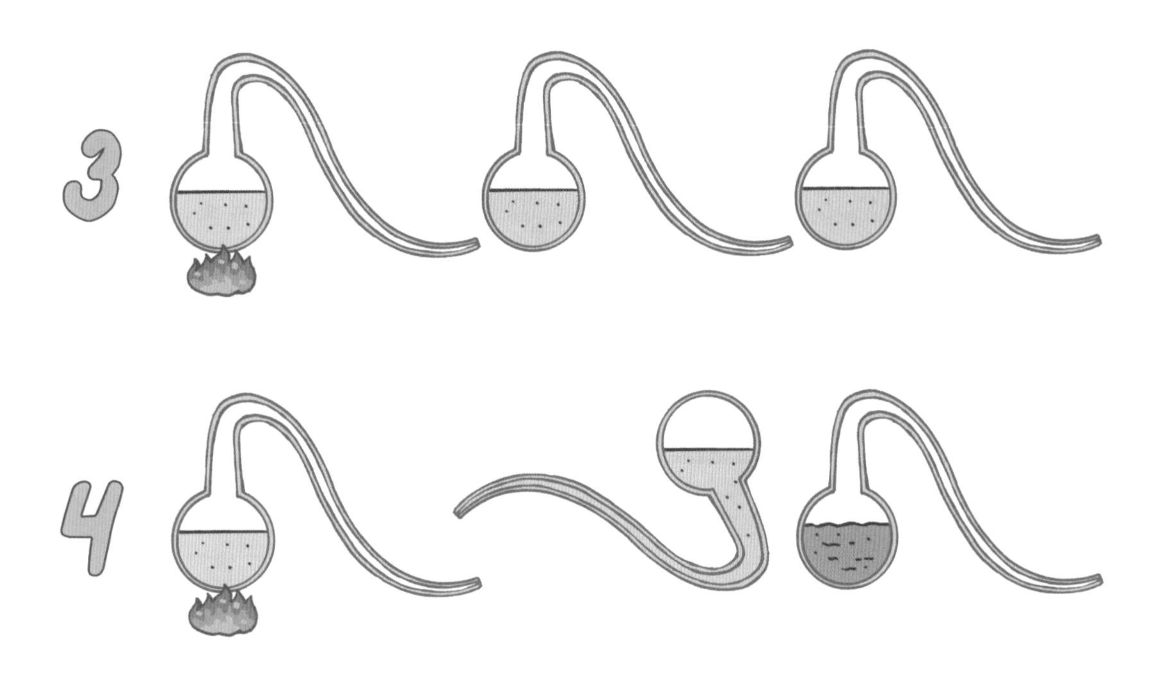

后来，巴斯德把自然界里那些肉眼看不见却能让人得病的微生物叫作细菌，并且建立了细菌理论，他也因此被看作微生物学的奠基人。巴斯德指出：很多疾病是由细菌这个病原引起的，要防止疾病就要切断病原。巴斯德的理论让当时英国的名医约瑟夫·李斯特很受启发，后者制定了外科手术中一整套消毒方法，并在欧洲的医学界普及开来。

除了在科学上的贡献，巴斯德为今人所知的另一个原因是说了很多我们耳熟能详的名言，比如他说过“在观察领域（科学研究领域），机会只青睐有准备的头脑”“科学让人更接近上帝”“我的力量只在于我的坚韧”等。

巴斯德的“生源论”更正了人们对于很多疾病的错误认识。比如，感冒这个常见的疾病，过去很多人以为是着凉了就会感冒，其实着凉了只是使人们的免疫力下降，真正使人感冒的原因是感冒病毒的入侵。

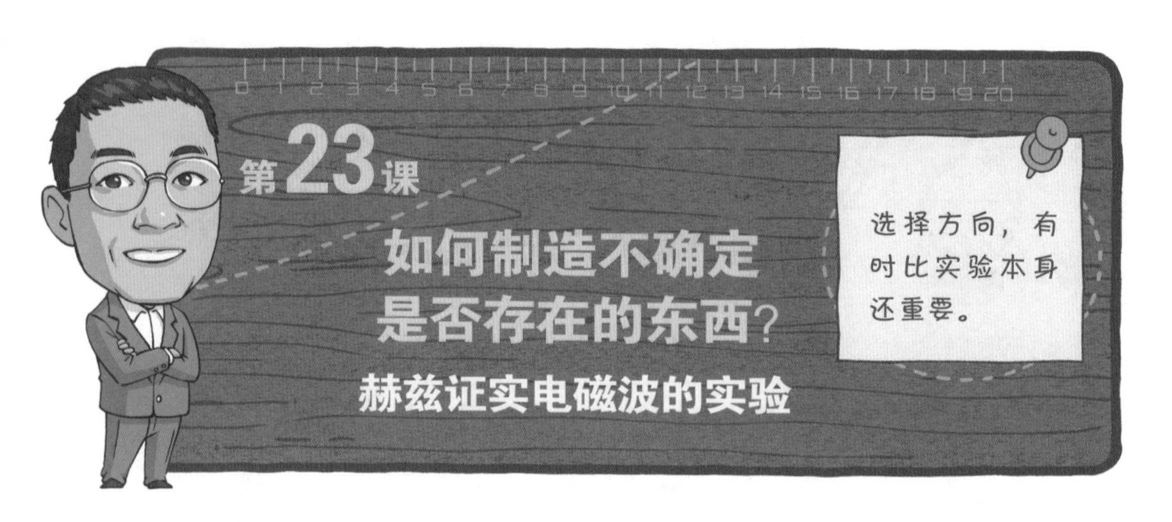

今天，我们每一个人都是被电磁波包围的，大家经常使用的手机，就是利用了电磁波进行通信。我们能看到的可见光，能感受到热量的红外线，以及帮助我们的身体合成维生素 D 的紫外线，都是电磁波。不过，上述物理学现象和我们所知道的电和磁有什么关系？那些不可见的电磁波是以什么方式存在的？直到 19 世纪末，大家都还搞不清楚这些问题。

从数学角度预测电磁波

讲到电和磁，以及电磁波三者之间的关系，还要回到亨利和法拉第在电磁学上的贡献，他们发现了电和磁之间的关系，并且电场和磁场可以互相转换。不过遗憾的是，由于法拉第不是科班出身的科学家，数学基础不够强，他没

无处不在的电磁波

能量化描述电与磁的关系，这个任务最终由英国物理学家**詹姆斯·麦克斯韦**完成了。

一般认为，麦克斯韦是人类历史上仅次于牛顿和爱因斯坦的伟大物理学家。麦克斯韦对于电学的贡献，堪比牛顿之于力学。爱因斯坦称赞麦克斯韦对物理学做出了“自牛顿时代以来的一次最深刻、最富有成效的变革”。麦克斯韦的主要贡献在于用四个简单的公式，即著名的麦克斯韦方程组，描述了电、磁、光相互作用与相互转换的规律。从麦克斯韦的这四个方程式出发，可以预测出世界上应该存在一种电磁波，它以光速传播，这种电磁波既包括我们常说的无线电波，也包括各种光波。

麦克斯韦和他的方程组

不过，由于麦克斯韦对于电磁波的预言，完全是从数学角度出发得出的，并没有实验结果支持，因此，一开始并没有引起当时电磁学家们的重视。1871 年，德意志帝国诞生了，为了全面赶超英国，德国政府加强了基础科学的研究。随后，柏林大学设立了一个被称为柏林大奖的奖项，每年奖励一个基础科学研究的成果。证实麦克斯韦所预言的那种电磁波便是 1878 年设定的获奖难题。当时，欧洲主流物理学界还固守着传统物理学观念，认为电磁现象仅存在于物质内部，不可能是空间的一种波动，只有极少数科学家相信电磁波的存在。而柏林大学的赫尔姆霍茨教授便是这样为数不多的物理学家之一，也正是他将这个题目的研究设立成柏林大奖。赫尔姆霍茨希望他的学生**赫兹**能够深入研究这个具有挑战性的问题，并且证实麦克斯韦的理论。

赫兹证实电磁波存在

赫兹出生在德国汉堡一个富有的家庭，他的父亲是一位参议员，母亲是一位医生的女儿，他从小受到了良好的教育，在进入柏林洪堡大学读书前，就已经展现出良好的科学和语言天赋。1880 年赫兹获得博士学位，然后继续跟随赫尔姆霍茨做研究。赫兹初步研究了这个问题后，发现它太难了。要想证实电磁波的存在，先需要人为地制造电磁波，然后还要想办法检测到电磁波。但这是一个先有鸡还是先有蛋的问题，谁也没有见过电磁波，也没有检测过电磁波，如何制造？于是，赫兹就暂时把这个问题放在了一边。到 1882 年，由于没有人能够证实电磁波的存在，那个柏林大奖也就作废了。

1885 年，赫兹成为卡尔斯鲁厄理工学院教授。1886 年秋天，一个偶然的机会让赫兹找到了制造电磁波的方法。当时他正在做另一个电学实验，他将莱顿瓶中储存的静电通到一个线圈中，这时，他发现旁边的另一个线圈中产生了电火花。这其实是一种电磁感应现象，几十年前亨利和法拉第做过类似的实验，只不过在他们的实验中，两个线圈都缠绕在铁芯上，铁芯内有磁场。这一次，赫兹做实验的两个线圈之间并没有承载磁场的铁芯，但是依然发生了电磁感应现象。唯一合理的解释，就是当给一个线圈通电时，在空中产生了电磁波，电磁波的变化导致另一个线圈形成电流。

赫兹的实验

想清楚这个问题之后，赫兹就开始考虑如何设计一个实验装置，来证实麦克斯韦的理论。

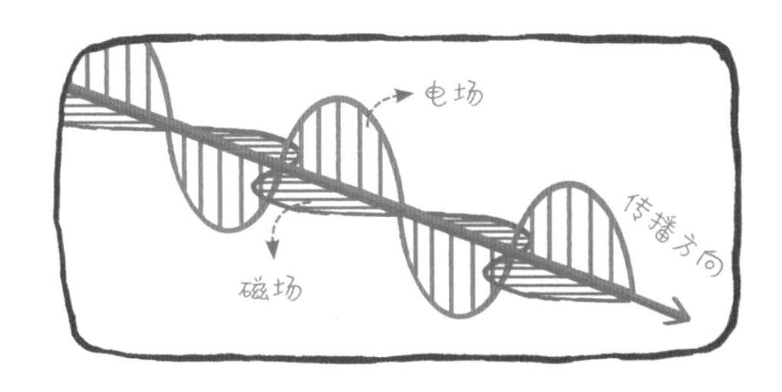

在赫兹使用的装置中，有一对天线，每一根长 1 米左右，天线的内端之间有一对相隔很近（ 7.5 毫米）的金属球，外端则是两个作为电容的大锌球。 天线由一个线圈施加高压脉冲电流，电压大约有 30 千伏。脉冲电流会在天线内端的金属球之间产生电火花，并产生电磁波。在不远处，赫兹把一个缠绕成环形的线圈做成接收天线，天线的两头靠得很近，如果给这两端通上电，它会产生电火花。

设置好所有的实验装置后，赫兹给脉冲电路通上高压电，在一对天线两个靠近的端点就产生了电火花，这时实验装置的周围就出现了电磁波。接收天线收到电磁波后，天线的线圈产生了电流，其靠得很近的两头就出现了电火花。由于发射电路和接收电路之间没有连线，也没有铁磁体，发射的电能只能靠电磁波传到接收天线上，这就证明了麦克斯韦所预言的电磁波确实存在。随后，赫兹又根据他的实验结果，对麦克斯韦方程组进行了修正，让它的适用范围更广了。

受启发的发明家

在随后的几年里，赫兹经常向公众做展示电磁波的实验。1889 年，一位来自美国的客人看了赫兹的展示后大受启发，他就是发明家特斯拉。特斯拉受到赫兹的启发，一回到美国就马上组建了新的实验室，研究使用电磁波传递电能。特斯拉认为，未来电气的发展方向是“三高”——高电压、高（大）电流和高频率，因为这样便于传输电能。不过特斯拉忽略了一个事实，电磁波是从发射天线向四周扩散的，传输距离越远，浪费的电能就越多，能够接收的电磁波可能连万分之一都不到。因此，特斯拉终其一生想要实现远程无线输电，但是因为走错了路，注定无法成功。

与特斯拉不同，欧洲的一些科学家，包括英国的奥利弗·洛奇和德国的亥维赛等人，在受到赫兹的启发后，开始考虑用无线电波传递电报的可能性。这些人笃信麦克斯韦的理论，他们自称麦克斯韦学派的成员。这些人认为电磁波是一种波（当时一度也被称为赫兹波），和光具有相似的性质，而特斯拉则认为，电磁波只是电磁力或者静电力，是传递电能的载体。当时人们还很难证明光也是一种电磁波，直到后来人们发现各种频率的电磁波都和光具有相似的性质，同时在这种认知的基础上实现了无线电通信，人们才普遍接受光是一种电磁波的看法。

走错方向的特斯拉

今天，人们为了纪念赫兹在验证电磁波上的贡献，将波振动频率的单位命名为赫兹。1 赫兹就是 1 秒钟振动 1 次。各种电磁波从低频率到高频率如下：

名称	图片	接收的无线电波	频率
收音机、电视		小于 30 兆赫兹	3×10^{7}
微波炉		300 兆～30 千兆赫兹	$3\times10^{8}\sim3\times10^{10}$
红外线		300 千兆赫兹～300 太赫兹	$3\times10^{11}\sim3\times10^{14}$
可见光		400 太赫兹～700 太赫兹	$4\times10^{14}\sim7\times10^{14}$
紫外线		800 太赫兹～30 皮赫兹	$8\times10^{14}\sim3\times10^{16}$
X 光		300 皮赫兹～30 艾赫兹	$3\times10^{17}\sim3\times10^{19}$
伽马射线		30 艾赫兹以上	3×10^{19}

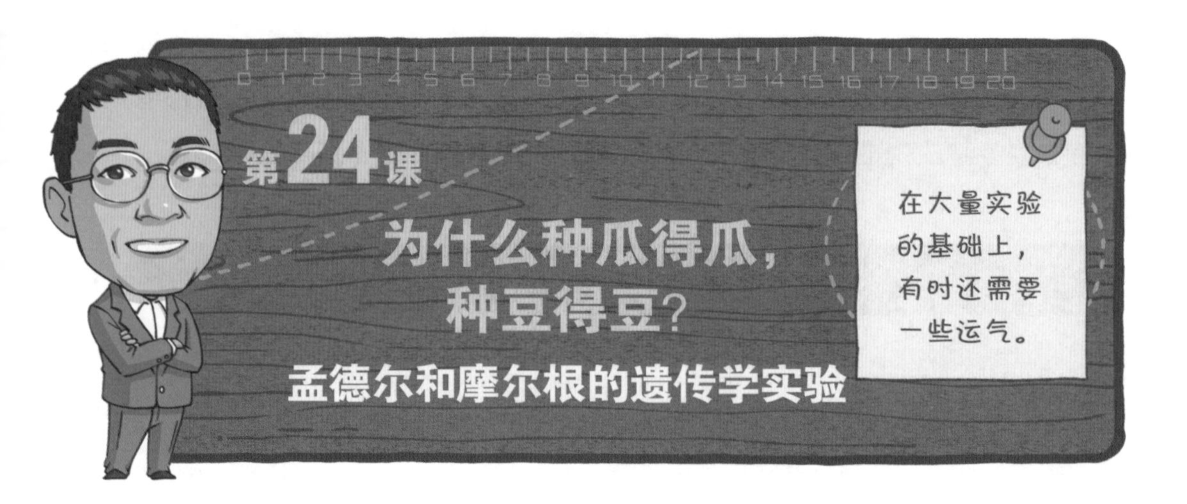

第24课 为什么种瓜得瓜，种豆得豆？

孟德尔和摩尔根的遗传学实验

俗语道：种瓜得瓜，种豆得豆。后代和祖先具有相似性，但又不完全一样。比如，两只花猫生下的小猫与父母的花色会有一定的差异，但两只花猫不可能生下小狗。今天我们知道，这背后的道理是生物基因的遗传和变异。

传教士与豌豆

最早揭开遗传学秘密的是奥地利的一位传教士——**孟德尔**。

孟德尔生于一个贫苦家庭，在大学毕业前夕因为家贫而辍学。为了谋生，他去修道院做了修士，几年后他成为神父，并且作为教会的教师去中学教数学。到 29 岁那年，孟德尔终于能够重新回到大学读书了，他进入奥地利的最高学府维也纳大学系统地学习数学、物理、化学、动物学和植物学。大学毕业后，孟德尔又返回修道院，然后被派到布吕恩技术学校教授物理学和植物学，并且在那里工作了 14 年。在此期间，孟德尔开始进行了他著名的豌豆杂交实验。

孟德尔将红花豌豆的品种同白花豌豆的品种进行人工授粉杂交，然后看看收获的种子会长出什么样的豌豆。他发现，这样杂交的种子长出来的豌豆植株都是开红色花。

然后，孟德尔再用这些杂交得到的红花豌豆繁衍后代。这一回，有意思的事情发生了，并非所有的后代都是红花的，有大约 1/4 变回了白花的。

到第三年，孟德尔将这样产生的白花豌豆继续进行繁殖，则总是培育出同样的白花后代，以后也一直是这样。但是把第二年获得的红花豌豆种子种下去，他发现有 1/3 种子的后代都是红花的，有 2/3 依然以 3:1 的比例长出红花、白花两个品种。

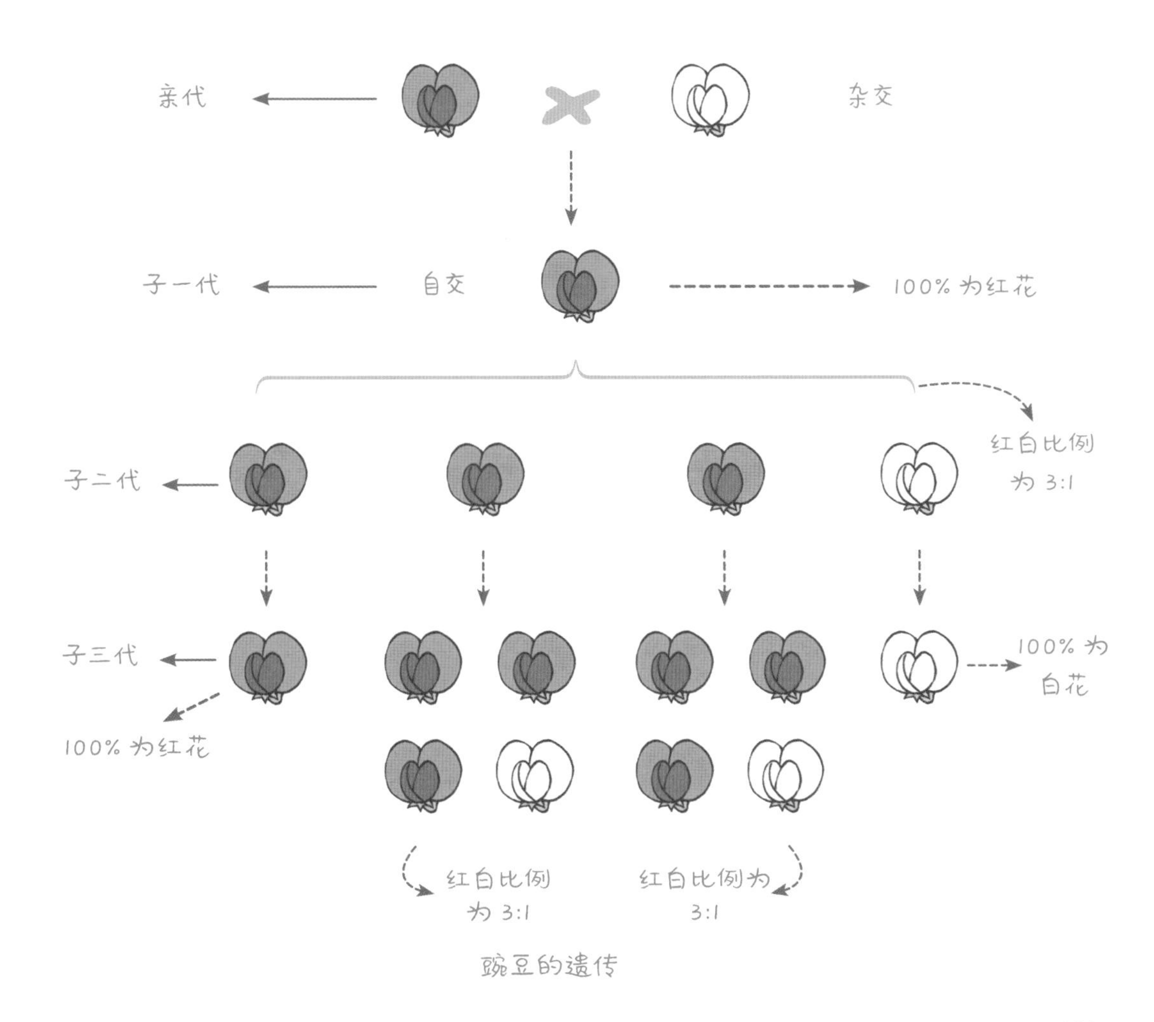

豌豆的遗传

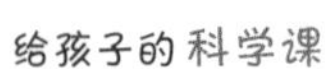

孟德尔认为决定遗传的因子（当时他还不知道基因这个概念）应该是成对出现的。比如决定豌豆花的颜色的遗传因子应该有两个，而不是一个，其中有些遗传因子对应红花的特性，有些对应白花的。但红花因子的特性是显性的，也就是说，只要一对遗传因子中有一个是红花因子，后代开出来的花就是红色的。白花的遗传因子则是隐性的。我们可以用下面这个表来说明遗传因子的特性和后代花色之间的关系。

遗传因子对	植株表现
红、红	红
红、白	红
白、红	红
白、白	白

也可以用大小写字母辅助理解成对出现的遗传因子，我们一般脑海中的概念都是大的容易盖过小的。比如显性的（红色）遗传因子是大写 A，隐性的（白色）遗传因子是小写 a，拥有 AA 和 Aa 的豌豆花都显示红色，就是 A 把 a 盖住了；拥有 aa 的豌豆花才显示白色，没有了 A，a 才显示了出来。

这样就解释了为什么第一代（AA 和 aa）杂交后，第二代花的颜色全都是红的，因为它们的遗传因子都是一红一白（Aa）。而第二代（Aa 和 Aa）杂交后，第三代花有 3/4 是红的（AA 和 Aa）；有 1/4 是白的，因为那 1/4 的遗传因子是两个白的（aa）。由于这个解释是基于父辈植株在传递遗传因子时，将自身的一对分离开来，只向后代传递一个，因此这个规律也被称为遗传学的分离定律。

互不打扰：自由组合定律

当然，生物的遗传特征不止一种。如果有两种以上的特征，在遗传时将会怎样向后代传递呢？为此，孟德尔做了植株高矮和豌豆颜色两个特性的混合杂交实验。他发现，每一颗豌豆各自的特点在遗传时没有相互影响，每一个特征都符合显性原则以及分离定律，他把这个发现称为自由组合定律。

孟德尔还用蜜蜂做了动物实验，但没有得出可信的结论。解决动物遗传学问题，并且奠定了整个基因遗传性基础的是美国著名科学家摩尔根。

字母同样可以辅助自由组合定律的理解。简而言之，如果豌豆花颜色用 A 和 a 表达，那豌豆高矮就用 B 和 b 来表达。我们很容易知道，A 和 B 之间是没有联系的，即高矮和花色之间没有联系，在遗传过程中，它们各自安好，互不打扰。

孟德尔的接班人

摩尔根出生在美国马里兰州的一个名门望族，他的父母希望他能像祖辈一样成为政治家，但是摩尔根从小就对大自然中的一切充满了好奇，却对政治没有兴趣。他可以趴在地上半天不起身，观察昆虫，或者捉虫鸟回家去研究，在自己家里的书房里一待就是一整天。后来他自嘲道，他的基因变异了。

为了证实孟德尔的遗传学定律对动物也适用，摩尔根最初是用老鼠进行实验的，但结果都失败了。摩尔根意识到，需要找到遗传因子大致相同，只有很少几个特定基因不同的物种来进行杂交。于是，摩尔根想到了果蝇。

这种小飞虫两个星期就能繁殖一代，而且只有四对染色体。但果蝇的问题是缺乏可对比的明显特征。当时，荷兰遗传学家德弗里斯已经发现可以通过人

为的办法让遗传因子发生突变。为了实现果蝇的某个遗传特征突变，摩尔根和他的助手想尽了办法让红眼果蝇发生基因突变，比如 X 光照射、酸碱盐刺激等都用上了。他们一连养了两年果蝇，但那些果蝇的基因就是不变异，直到摩尔根自己的孩子出生后不久的一天，他终于在一堆红眼果蝇中发现了一只白眼果蝇，摩尔根对这只“宝贝”比对他刚出生的儿子还亲。他拿这只白眼果蝇与原先的红眼果蝇杂交，后代都是红眼果蝇，这说明红眼是显性特征。然后将这些杂交得到的红眼果蝇再行交配，后代中红眼和白眼的比例正好是 3:1，从而证实了孟德尔的研究成果。

奇怪的寻宝者

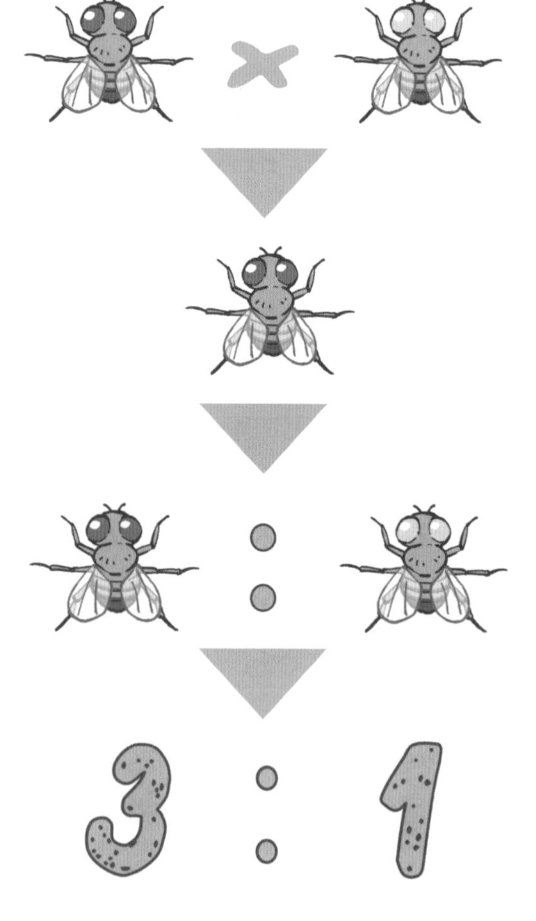

白眼果蝇立功了

后来，摩尔根又发现了突变出小翅膀的果蝇。这种遗传特征也是伴性的，因此它对应的基因应该在 X 染色体上。摩尔根和他的学生们想看看白眼基因与小翅基因一同向后代遗传时结果会怎么样，于是他们让携带这两种基因的果蝇繁殖后代。根据他的基因连锁理论，既然这两种基因都连锁在 X 染色体上，那么后代只能有两种——白眼小翅的（同时出现）和红眼正常翅的（均不出现）。因为基因连锁理论指出，当两种不同的基因位于同一染色体上时，它们常常是紧紧锁在一起的，在遗传中，它们会作为一个单位传递下去。也就是说，控制眼睛颜色和翅膀大小的基因，本应该像锁链一样铰合在一起，一致行动。但是，实验结果却产生了四种果蝇，除了白眼小翅和红眼正常翅的，还有白眼正常翅的和红眼小翅的。这个现象与摩尔根的基因连锁理论似乎产生了矛盾，这就需要有新的理论来补充基因连锁理论。

摩尔根根据这个实验结果，提出了互换理论。具体来讲，就是染色体上的基因连锁群并不像铁链一样牢靠，有时染色体会发生断裂，这样该染色体上的一段基因就和对应的另一条染色体上的相应部分互换。摩尔根还发现，如果两个基因在染色体上的位置相距比较近，它们通常一同传给后代，如果两个基因在染色体上相距很远，中间出现互换的可能性则较大，这两组基因对应的特征就会相对独立地传递给后代。后来，人们把摩尔根的这个理论称为基因的连锁互换定律。

简单来讲，染色体是生物的遗传物质，我们现在常说基因，基因有很多很多，但它们不是杂乱无章的一大团，而往往成对分布在染色体上。人类有 23 对染色体，其中 22 对是常染色体，1 对是性染色体，人有男女之分，就在于男女性染色体的不同（女性为 XX，男性为 XY）。

和孟德尔不同的是，摩尔根是一位理论大家，他把完整阐述自己遗传学理论的论文发表在著名的《科学》杂志上，很快得到了全世界学术界的认可，该理论也成为今天遗传学的基础。摩尔根随后获得了诺贝尔生理学或医学奖，今天他的名字成为衡量基因之间差异的单位。

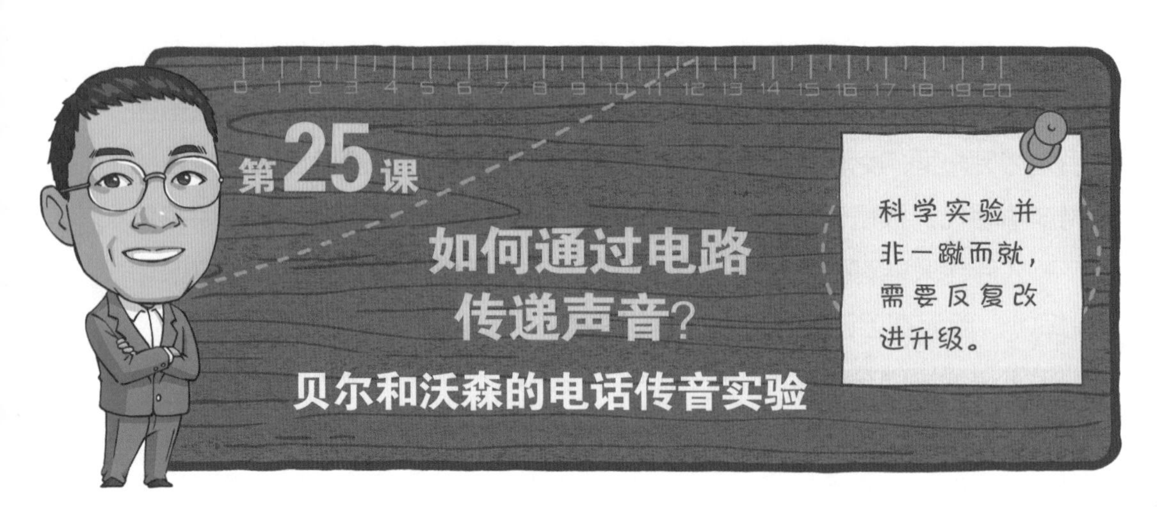

在古代，人们通过快马、飞鸽传递信息。而在现代社会，手机已经是司空见惯的电子设备，我们随时随地可以与他人通话，但其实，改变这一切的电话的历史还不到200年。19世纪，电报刚刚兴起，但有人并未满足于此，隔空听到他人的声音比看到他人的文字更酷。不是吗?

老科学家的鼓舞

1870年，当苏格兰发明家**亚历山大·贝尔**移民到北美洲时，电报已经在北美和欧洲开始普及，当时的电学家和电气发明家都在思索如何改进电报，不过贝尔则不同，他想的是如何通过电路传递声音。

贝尔有这种想法与他家庭成员中有多位失聪的人有关，包括他的母亲和他的太太。贝尔和他的父亲曾经在美国波士顿一所聋哑学校做过很多帮助失聪人士的事情。他在这个过程中产生了发明一种语音电报，也就是今天电话的初级想法。不过他的这个想法在当时属于奇思怪想。

在波士顿，贝尔当上了波士顿大学的生理声学和语言学教授。他白天在大学讲课，晚上在他那个并不宽敞的公寓里进行实验，经常工作到凌晨。贝尔还有两个发明家们常有的行为，一个是认真记录每一天的实验，另一个是把笔记本锁起来藏好。

夜以继日地做实验很快让贝尔的身体垮了下来，当时他才 25 岁。最后，贝尔决定放弃教授聋哑学生，集中精力搞发明。贝尔的这个决定，让他失去了大部分收入。不过他依然留下了两名学生，一个 6 岁的男孩乔治・桑德斯和后来成为他太太的女生梅布尔・哈伯德，这两名学生对贝尔发明电话都发挥了重要作用。桑德斯的父亲是一位富裕的商人，他为贝尔提供了食宿和实验室，让贝尔能够专心研究，后来老桑德斯干脆安排自己的孩子和贝尔一同工作，这样方便他向贝尔学习。

管吃管住，乐不思蜀

有了基本的生活保障，从 1874 年开始，贝尔成为全职的发明家，并且做了很多电学实验。在进行实验的过程中，贝尔发现电流的波动可以产生声音的波动，于是他就设想出一种由电流驱动的口风琴，他认为不同频率的电流波动，可以触发口风琴中不同簧片的振动，这样就能发出不同的声音。为了证实这个想法的可行性，贝尔特地跑去向当时的电磁学泰斗亨利教授请教，让老科学家帮他把把脉。亨利听了贝尔的想法后，鼓励他说："年轻人，去干吧！虽然你不会做机械，也缺乏相应的设备，但是想办法解决吧。"

遇上最好的搭档

受到亨利教授的鼓励，贝尔信心满满地回到波士顿，他又幸运地遇上了他一生的合作者——**托马斯·沃森**。沃森这时候还只是一个电器店的电器和机械工程师，他后来成为贝尔电话的共同发明人，也是贝尔一生的合作者。但是，贝尔和沃森早期的实验极不顺利，原因是他们走错了路——贝尔一直试图用多个簧片传输和接收不同频率的声音，这么复杂的装置其实很难制作。贝尔和沃森搞了一年，并没有什么进展。

1875 年 6 月 2 日，沃森一次偶然的发现改变了他们二人的实验方向。那天，沃森无聊地用一根芦苇拨动电路传输端的簧片，但贝尔却在金属电线的接收端听到了芦苇拨动的声音，这时他才意识到，用电线传输声音只需要一个簧片，而不是多个。

贝尔和沃森当时还没有意识到，他们的这个发现其实揭示了信息传输的一个基本规律，就是任何导线所传输的电流都能产生一定的带宽（带宽最初指电磁波频带的宽度，即信号的最高频率与最低频率的差值），而只要语音信息或者其他任何信息不超过带宽，就可以用导线传递出去。

在这次发现的基础上，贝尔和沃森彻底改变了电话电路的设计，他们只保留了两根导线，简化了电声系统。为了传输和接收语音，他们需要设计出话筒和听筒。最初贝尔使用了一种由隔膜、酸性液体和导电棒制造的话筒，当人讲话时，隔膜就会振动，碰到导电的酸性溶液产生强度不同的电流，但是这种话筒的音质非常差。所幸的是，美国发明家埃米尔·贝利纳等人发明了碳精电极麦克风，这种麦克风的声音要稳定得多。我们知道，电话除了要有麦克风，还需要有话筒，话筒的发明，主要归功于贝尔本人。话筒由线圈、磁铁、纸盆等组成。受到声音控制的电流通过线圈在磁场的作用下使线圈微微移动，线圈的移动带动纸盆振动，再由纸盆的振动推动空气，从而发出声音。

贝尔和沃森的实验

设备是搭好了，但是贝尔和沃森的实验却不顺利，这一切都需要靠勤奋来弥补。通常，实验做得充分了，在某一个时间点就可能出现奇迹。贝尔和沃森在接下来 9 个月时间里，天天泡在实验室，但是成功似乎还很遥远。1876 年3月10日，贝尔有事情招呼沃森，他对着麦克风喊:“沃森先生，来这里，我需要你帮忙……”贝尔这样的呼唤显然不是第一次，但过去从来没有成功过，但这一次，沃森来了。这让贝尔既惊讶又高兴。沃森说，他从接收装置里听到贝尔在喊他，而且这一次能够听清贝尔说的话。贝尔有点不相信，请沃森重复了一遍刚才的话。沃森说:“你说‘沃森先生，来这里，我需要你帮忙……’”这时贝尔才第一次感到，成功离他们是那么近。

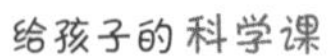

一次又一次改进

为了确保他们的通话系统能够稳定工作，贝尔和沃森对调了位置，沃森抄起一本书随便读了几句，贝尔在另一端听到了沃森的声音。音量比较高，但是读音听起来还是有点含糊不清，离发明实用的电话依然有一段距离。不过比起以前的实验结果，已经有了巨大的飞跃。

贝尔在工作日志中对这件事的细节有详细的记载，这本日志至今依然完好地保存在美国国会图书馆里，它的影印件可以在国会图书馆的网站中查到，这份历史文献证实了1876年3月10日可以算作人类第一次实现远距离语音通信的日子。

在接下来近半年的时间里，贝尔和沃森继续进行着各种实验，不断改进电话。到了夏天，他们觉得已经可以尝试着进行远距离语音通话了。但他们没有足够

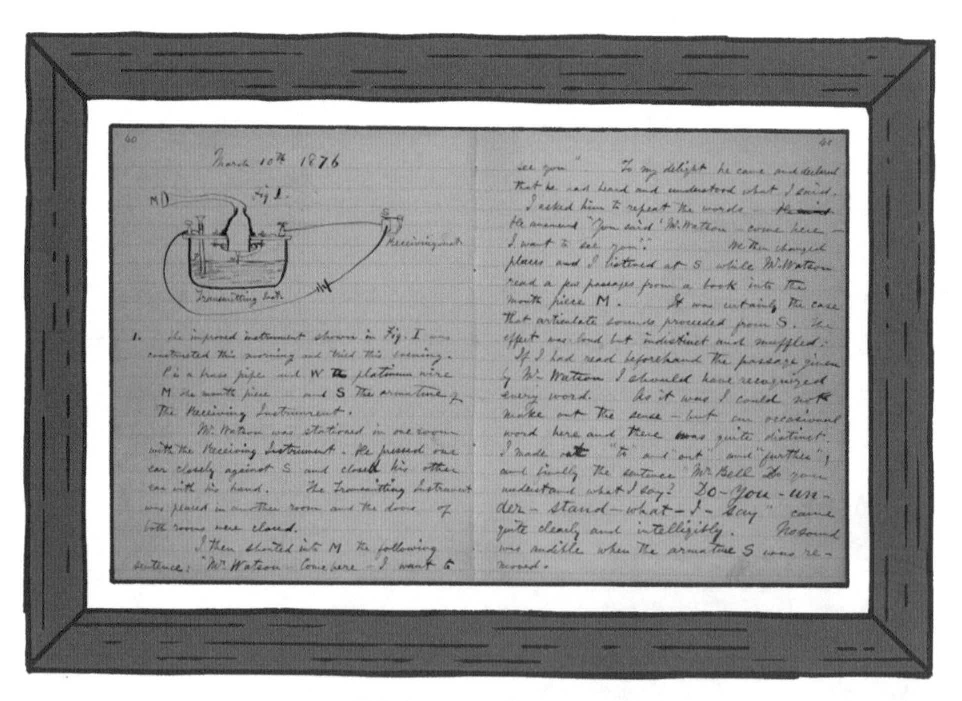

40

March 10th 1876

Fig. 1.

M

S

Receiving Inst.

Transmitting Inst.

1. The improved instrument shown in Fig. I was constructed this morning and tried this evening. P is a brass pipe and W the platinum wire M the mouth piece and S the armature of the Receiving Instrument.

Mr. Watson was stationed in one room with the Receiving Instrument. He pressed one ear closely against S and closed his other ear with his hand. The Transmitting Instrument was placed in another room and the doors of both rooms were closed.

I then shouted into M the following sentence: "Mr. Watson – Come here – I want to

41

see you." To my delight he came and declared that he had heard and understood what I said. I asked him to repeat the words. He answered "You said 'Mr. Watson – come here – I want to see you.'" We then changed places and I listened at S while Mr. Watson read a few passages from a book into the mouth piece M. It was certainly the case that articulate sounds proceeded from S. The effect was loud but indistinct and muffled. If I had read beforehand the passage given by Mr. Watson I should have recognized every word. As it was I could not make out the sense – but an occasional word here and there was quite distinct. I made out "to" and "out" and "further"; and finally the sentence "Mr. Bell Do you understand what I say? Do – you – understand – what – I – say" came quite clearly and intelligibly. No sound was audible when the armature S was removed.

贝尔的工作日志

长的电话线做实验，于是贝尔跑到了电报局，用电报线向 4 英里（约 6.4 千米）外打了个电话，在 4 英里外真的听到了微弱的声音。第二天晚上，贝尔第一次向大众展示了他的电话，他拉了一根足够长的电话线，并穿过一条隧道。然后请人们听另一头传来的读书声和唱歌声，人们大为吃惊。1876 年 8 月 10 日，贝尔在加拿大两个小城之间实现了相距 8 英里（约 12.9 千米）的通话，这是世界上第一次实现城市之间的长途通话。它证明，通过电，至少可以单方向让声音传到另一个城市。

两个月后，贝尔和沃森在波士顿和剑桥第一次实现了双向通话。至此，实用电话才算真正被发明出来。

就在贝尔发明电话的同时，另一名发明家格雷也发明了类似的装置，最后两个人就电话的发明权打官司，一直打到美国联邦最高法院。由于贝尔有详细的工作记录，最后法院认定了贝尔是更早的发明人。

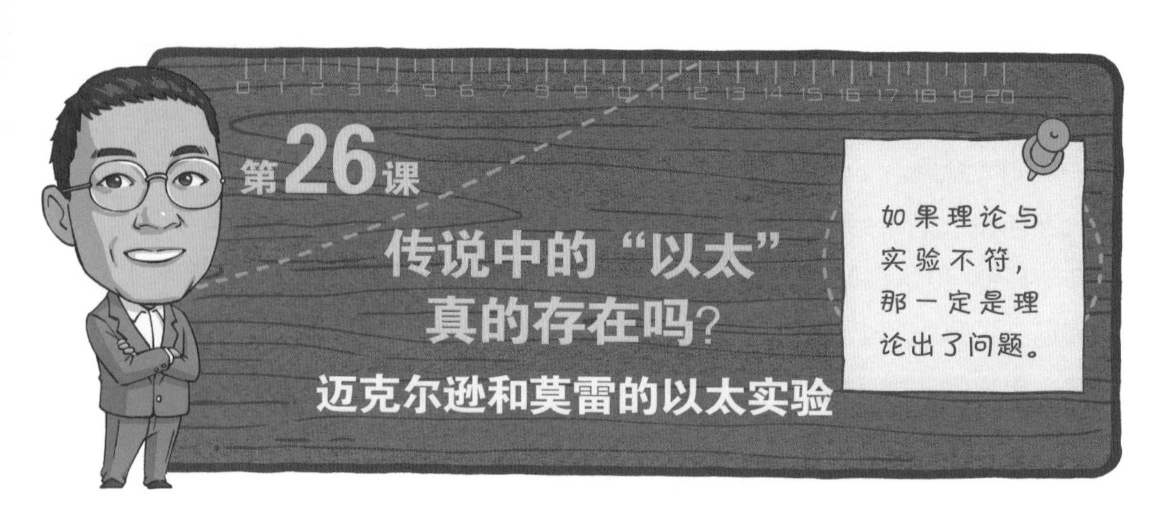

第26课 传说中的“以太”真的存在吗？

迈克尔逊和莫雷的以太实验

19 世纪后期，物理学界已经普遍接受光是一种波的理论了，特别是赫兹证实了电磁波存在之后，大家很容易想到光就是电磁波的一种。但是，在当时人们的认知中，波的传播是需要媒介的。比如，两个人拉着一根绳子抖动，形成了波，绳子就是媒介；我们往水里扔一块石头，水里就出现一圈圈的波纹，而水就是媒介。那么，从太阳到地球这 1.5 亿千米长的真空中，光是怎么传播到地球的呢？

传说中的“以太”

19 世纪之前的物理学家们认为，在宇宙中存在一种看不见摸不着甚至没有质量的媒介，叫作以太。太阳光就是通过以太这个媒介传播的。

关于以太的说法，最早来自古希腊哲学家亚里士多德。根据亚里士多德的理

论，宇宙中不可能存在虚空，因此对于那些看似没有物质的地方，需要有一种元素来填充，这种元素就被称为“以太”。到 19 世纪，以太正好用来解释“为什么光等电磁波可以在真空中传播”。为了方便起见，人们会把以太看成是静止的，其他天体的运动都以以太为参照系。

据说，“以太”一词是英文 Ether 或 Aether 的音译。最早时，古希腊人认为上层大气的构成物质就是以太。亚里士多德认为，构成物质的元素中，除了水、火、气、土，还有一种就是天空上层的以太。

但是，以太理论存在一个大问题，就是不断运动的地球会和以太形成一个相对速度，这就如同大家坐在游乐场的大型转盘上旋转，会感到迎面而来的风。地球的旋转速度可比游乐场的转盘快得多，它围绕太阳的公转速度是每秒钟 30 千米。因此，在地球上感受到“以太风”的速度也会是这么快。如果光通过以太传播，以太与地球有相对运动，那么在不同方向测出的光速应该是不同的。

为此，1887 年美国物理学家**阿尔伯特·迈克尔逊**与**爱德华·莫雷**决定合作进行一次实验，测一测不同方向上的光速是否不同。这个实验是在美国克利夫兰的凯斯西储大学进行的。

测量光速

迈克尔逊出生在波兰，两岁的时候就随全家移民美国。17 岁时，迈克尔逊进入美国海军学院读书。美国海军学院虽然是军校，但教授的主要是工程课程，并且授予的也是工程学位，这个传统一直保留到今天。因此，迈克尔逊有很好的科学和工程学基础。毕业后，迈克尔逊一度在海军的研究机构任职，他最感兴趣的研究领域是光学，曾经改进了傅科测量光速的方法，更准确地测量了光速。迈克尔逊对光速的测量结果和今天的测量值非常接近。后来他又被派到欧洲学习两年，然后进入凯斯西储大学当教授。

而莫雷是一位土生土长的美国人，他的父亲是一位牧师，有不少藏书。莫雷从小被认为是神童，他 3 岁就能认字，6 岁就开始读拉丁文的书，很快就把家中的书都读完了。他在大学先是学习自然历史（科技史），然后改学科学，后来也在凯斯西储大学当教授。

从 1881 年至 1884 年，迈克尔逊和莫雷为了测量地球和以太的相对速度，设计了一个并不复杂却很精巧的实验。

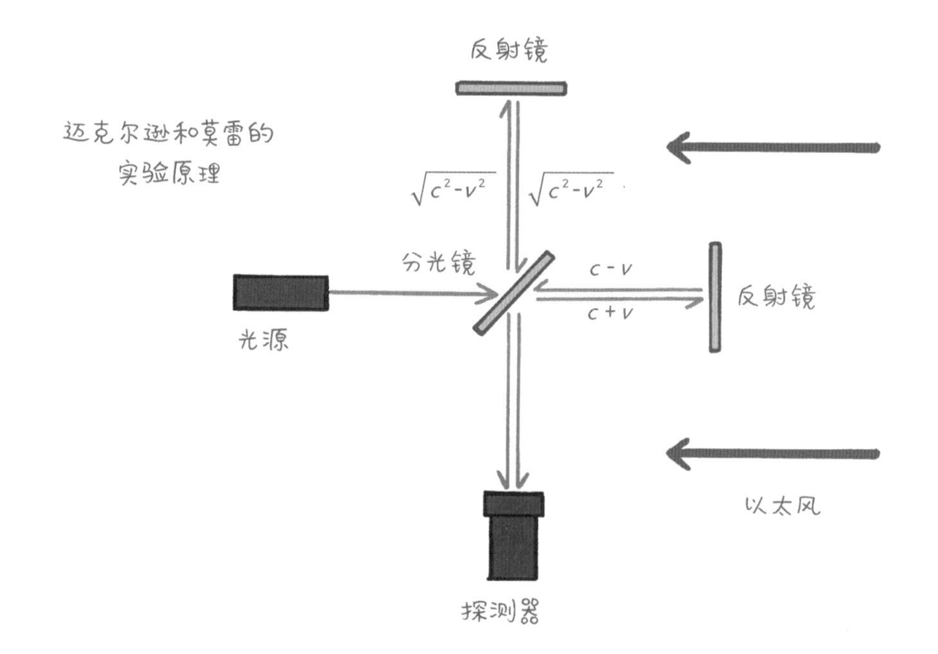

在这个实验中，迈克尔逊和莫雷从一个光源得到相同的光，然后经过一个 45 度角放置的半反射镜分掉一半的光，让这些光向入射光的垂直方向走，另一半光则穿透半反射镜继续直行。这样通过半反射镜后的两束光就彼此垂直了。然后，他们在离半反射镜等距离的地方用反射镜将两束光反射回来。原先往垂直方向走的光，这回穿过反射镜进入探测器，而之前穿过半反射镜的光这回在半反射镜上垂直反射到同一个探测器上。假如以太存在，而且地球是运动的，那么这两束光到达探测器的时间应该有所不同。

显然它们是不同的。

但是迈克尔逊和莫雷经过反复测试，发现这两个时间总是相同。对此，只能有一个合理的解释，就是地球相对以太的运动速度为零。但是，这显然“不合理”，以太不会随着地球一同围绕太阳转。因此，更合理的解释是，根本就不存在以太这种东西。

这个结果显然颠覆了 19 世纪之前物理学家对宇宙的认知，以至于莫雷也不敢相信自己的实验真的否定了以太的存在。于是几年后，他和另一名物理学家米勒又进行了一次更精确的实验，结果还是一样。从那时起一直到 1930 年，全世界的科学家进行了十几次实验，除了有两次因为误差无法得出结论，剩下来的实验都说明各个方向上的光速是相同的，都否认了以太的存在。

光速不变

在证实以太的多次实验中，物理学家们还发现了一个现象：无论是朝着运动的方向射出一束光，还是逆着运动的方向射出光，测量到的光速都是相同的。这就更加颠覆了人们的认知。在我们所熟知的世界中，相对运动是要叠加的。你在每小时行驶 300 千米的火车上，以每小时 5 千米的速度从车尾走向车头，你相对地面的速度是 300+5=305 千米 / 小时；相反，从车头往车尾走，你相对地面的运动速度是 300-5=295 千米 / 小时。但是光速却不具有这个性质。比如，火车以 300 千米 / 小时的速度往前开，它前面探照灯射出去的光的速度，可不是 30 万千米 / 小时 +300 千米 / 小时，而是与静止时相同的 30 万千米 / 小时。那么，为什么光运动的规律与其他物体的运动规律不一样呢？

光速不可叠加

为了解释这个现象，1904 年，荷兰物理学家洛伦兹提出了著名的洛伦兹变换，用于解释光速不变的实验结果。洛伦兹提出，运动物体的长度会收缩，并且收缩只发生在运动方向上。第二年，爱因斯坦以光速不变为前提，利用洛伦兹变换，提出了著名的狭义相对论。

人们终于发现，包括光在内的电磁波和声波或者振动波不同，它们不需要媒介也能传播。光波是一种电磁波，而电磁波实际上是电场和磁场不断转化的结果，变化的电场会产生变化的磁场，而变化的磁场又会产生变化的电场。这样电磁波就向四周传播了。光也是如此。

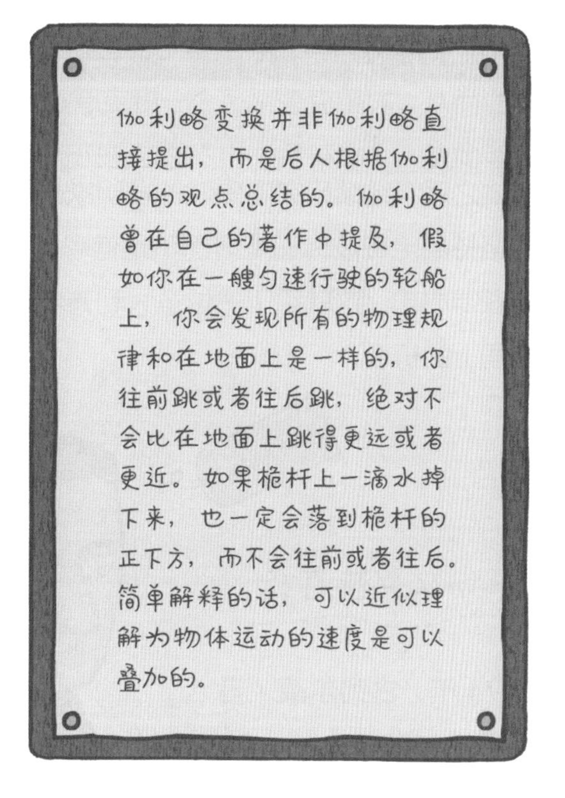

今天，科学史的学者把迈克尔逊和莫雷的以太实验看成近代物理革命的导火索。这个实验的结果不仅否定了统治物理学界上千年的以太假说，确立了在光速不变前提下新的物理学原则，而且颠覆了自伽利略和牛顿以来的经典物理学基础——伽利略变换。

通过后来爱因斯坦的发现，人们才知道经典力学规律，包括万有引力定律，不过是相对论在低速世界中的简单近似。而且，由于我们习惯了低速运动的世界，我们从来不会怀疑那些并不够精确的经典力学规律。在随后的 20 多年里，经过爱因斯坦等人的工作，人类对宇宙和微观世界有了更加准确的认识。这一切的起点正是迈克尔逊和莫雷的实验。

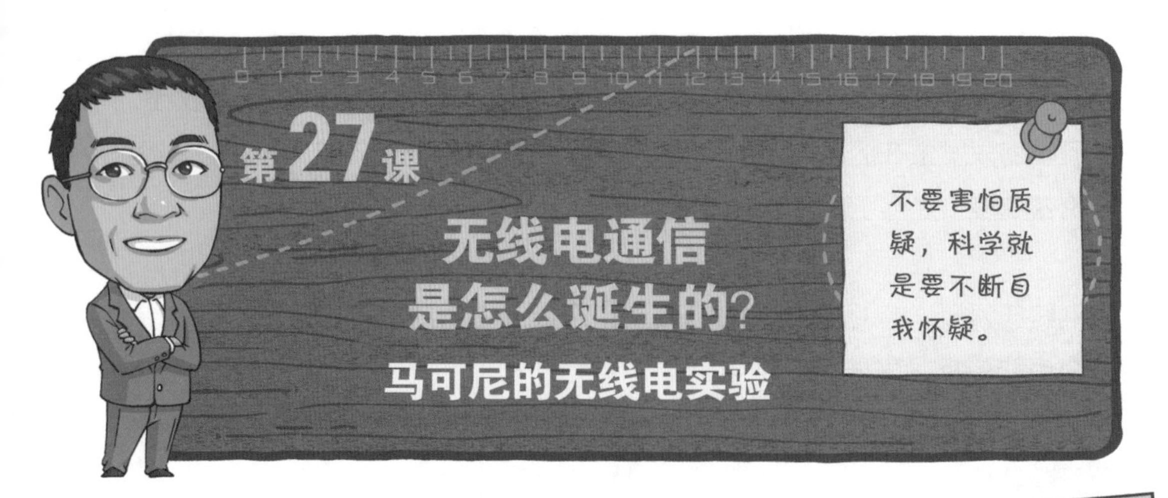

无线电通信是怎么诞生的？
马可尼的无线电实验

赫兹之后，继续研究电磁波的发明家是特斯拉，但是他坚持用电磁波传递能量而不是信息，因此一直没有获得成功。这就给了一位意大利青年马可尼后来居上的机会。

一切从兴趣开始

1874 年，**古列尔莫·马可尼**出生在意大利大学之城博洛尼亚一个非常富有的家庭，他的母亲来自英国一个富有的大家族，拥有一家非常著名的酒厂。马可尼小时候没有上学，后来也没有接受过正规的高等教育，但是他的父母一直在请最好的私人教师教授他数学和科学。他经常随着家人在意大利和英国旅行，每到一处都要拜访名师，学习一段时间。18 岁时，马可尼回到博洛尼亚，在博洛尼亚大学物理学教授奥古斯托·里吉的帮助下，进入课堂，系统地旁听了电学的课程，并且使用大学的实验室和图书馆做了不少研究。

我想到一种可能……

1894 年，仅 37 岁的赫兹英年早逝了。电磁波一下子成为媒体关注的焦点，也在欧洲掀起了研究电磁波的热潮。这件事让马可尼对电磁波产生了兴趣。虽然当时大部分物理学家并不清楚电磁波有什么用，但马可尼却天才地预见到，有可能用电磁波实现无线电通信。

马可尼回家搭起了一套系统，用闪电作为信号源，每当有雷电时，那个系统就会当当作响。

不久之后，马可尼做了一个无线电发射器，能够从他的实验室控制他母亲房间的电铃。这个实验虽然并不复杂，但证明了电磁波是可以传输控制信息的。

但是，随着距离的增加，电磁波衰减得很快。要实现真正的无线电通信，就要让电磁波把信息送到足够远的地方。

0.5 英里是极限吗？

1895 年夏天，马可尼将他的实验设备搬到他父亲在博洛尼亚的庄园里。离庄园不远之处有一座小山，他把发射信号的一端放在小山上，然后在自己住宅的楼上架起了天线。这样，他实现了传输 0.5 英里（约 0.8 千米）的无线电通信。这次实验被认为是最早的有效无线电通信。但是，接下来马可尼便

陷入了僵局，他无法进一步增加通信距离了。几番调整后仍不见起色，马可尼只能回到问题的原点——是不是赫兹最初设计的天线就有问题？果然，在改变了天线的形状后，再把天线架高一些，无线电信号就能传 2 英里（约 3.2 千米）了。

接下来的实验需要更多资金和资源支持，但意大利政府拒绝了马可尼的请求。这时，他父母的一位朋友（美国驻意大利的公使）建议他去重视发明的英国。这位朋友帮助他联系上了意大利驻英国大使，后者积极地安排他到英国开展工作。于是，21 岁的马可尼到了英国，并得到了英国邮政局总工程师普瑞斯极大的支持。

1897 年 3 月，就在马可尼到达英国半年之后，他在索里兹伯里平原上进行了距离 4 英里（约 6.4 千米）的无线电通信实验，距离比他在意大利的那一次增加了 1 倍。这次实验的成功不仅让英国人对他有了信心，而且还让他从此得到了英国学术圈的认可。在随后的两年里，马可尼试验的距离越来越长，范围越来越大。先是在英国本土内，然后是从海岛把消息发回到英国本土，继而实现大不列颠岛和爱尔兰岛之间的通信，最后跨越英吉利海峡把英、法两个国家用看不见的电磁波连接起来。

英国之所以愿意支持马可尼，一个重要的原因是它本身的岛国地理条件。英国本土孤悬欧洲大陆之外，虽然当时有海底电缆和大陆相连，但造价极高。如果能实现无线电通信，将从根本上解决这个问题。此外英国周围有很多海岛，不少小岛上有灯塔和观察哨，需要及时和本土通信，而无线电通信显然是最好的解决方案。

距离是个大问题

1899 年 3 月 17 日，马可尼无线电通信的实际价值体现出来了。在英国多佛角的灯塔台收到了 12 海里（约 22 千米）以外东古德温灯塔发出的求救信号，代表在那里有船出事了。于是多佛角的海岸救助人员派出了救生艇前往出事点，救起了搁浅的商船易北号。

1899 年秋天，马可尼受到美国金融巨子 J.P. 摩根的关注。当时正好要在大西洋上举行美洲杯帆船赛，J.P. 摩根决定将无线电技术用在这项赛事的通信上。这件事也让马可尼看到了进入美国市场的重要性。1901 年，马可尼落脚加拿大，开始尝试跨洋无线电通信的可能性。马可尼之所以选择加拿大，而不是他后来主要生意所在地的美国，主要是因为那里离欧洲更近。

1901 年 8 月，马可尼开始了他的跨大西洋无线电通信实验，那是一个在固定时间进行信号发送和接收的实验。他和远在欧洲的助手约定，每天从下午到傍晚的三小时内，发送和接收信号。但是，一连四个月，实验都失败了。每一次失败后，马可尼都找出了一些原因并且进行了改进，但是又会有新的问题让实验继续失败。

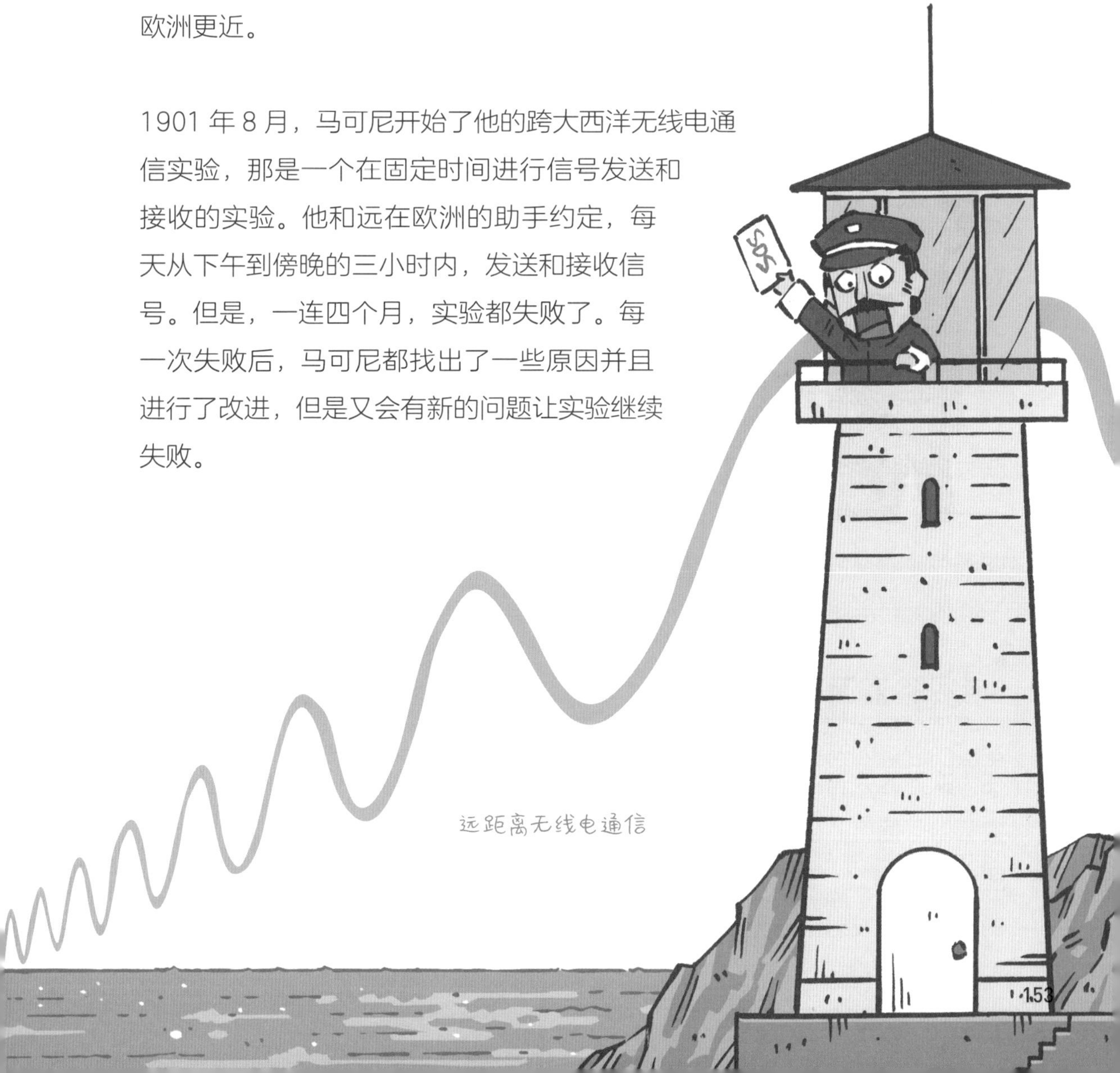

远距离无线电通信

1901 年 12 月 12 日，又到了约定的实验时间。马可尼在加拿大纽芬兰的信号山山顶放飞了一个巨大的风筝。与其他风筝所不同的是，这个面积超过 4 平方米的大风筝后面拖了一个长长的尾巴。在冬天，信号山上的风非常大，风筝很快就升到了高空。这时，就见马可尼将它长长尾巴的另一端接到了一个装置上，在接收着什么信号。

这次他终于收到了三个连续的“嘀”信号。这是莫尔斯电码中字母 S 的电码。这是人类第一次实现跨洋的无线电通信。

两天后，马可尼发布了一条不长的新闻公告，简短地讲述了他这一次实验成功的经过。第二天，即 12 月 15 日，虽然是星期天，北美的各大报纸还是马上报道了这一伟大的成就。《纽约时报》将这则消息放在了头版，称之为“近代最精彩的科学发展”。

马可尼的风筝实验

用实验直面质疑

今天，我们知道大气层中的肯涅利－赫维赛德层会把地球上发送的无线电波反射回来，但是当时的人们并不清楚这个现象，因此有质疑是很自然的事情。

在大家为此兴奋的同时，也有一些人怀疑这次实验的可信度。根据当时人们对无线电波的了解，它是像光一样直线传播的，而地球是圆的，从英国发射出的无线电波不应该斜着射向空中吗？怎么会走一个曲线跑到了加拿大？会不会是马可尼和他的助手们搞错了？

面对怀疑者的挑战，马可尼准备了一个公开的、详细的实验。1902 年 2 月，费城号轮船载着马可尼的团队和他们的设备从英国出发，一路记录着来自英国康沃尔郡的波尔杜基站的信号。马可尼为此专门发明了一种自动记录仪器，它可以直接将信号画在胶带上。在越洋旅行期间，马可尼还邀请船长和大副一同来收听无线电信号。实验在众人见证下成功。

在这次全程实验中，大家还发现无线电波的一些新特性，比如无线电信号在夜间传输的距离要比白天远得多。但即使是在白天，无线电信号也能传输 1000 千米以上。

自此，多数科学家都认可了马可尼关于能够用无线电进行远距离通信的想法。

今天，人们把 1901 年 12 月 12 日的实验看成信息史上一个重要的节点性时刻。它标志着人类进入了无线电通信时代。后来，马可尼因为在无线电上的贡献，获得了诺贝尔物理学奖。

第28课 为什么狗进食前会自动流口水？

巴甫洛夫的条件反射实验

人类通过实验了解自然界和宇宙，同样也通过实验了解生物包括人类本身。不过，相比于了解外部世界，了解我们自身常常更难。我们能修复自然界的很多东西，却无法完全修复我们的身体。

人类自近代以来，通过解剖学和众多生理实验，获得了大量关于人和动物的生理知识，但是对于涉及神经系统的生理学现象，研究起来就更难了。动物器官的很多功能可以通过物理运动和化学反应来解释，但是涉及神经系统，特别是和意识有关的现象，就很难搞清楚了。

神秘的人体神经系统

37岁才开启职业生涯

在神经系统的研究中，俄国生理学家和心理学家**巴甫洛夫**是一位开创者。他关于条件反射的实验，开创了神经科学、行为心理学和认知科学的先河。

1849年，巴甫洛夫于出生在俄国中部的梁赞，父亲是一名东正教的牧师。起初他学的是神学，但后来转入圣彼得堡国立大学学习自然科学，获得生理学学士学位，这时巴甫洛夫已经26岁了。出于对生理学的兴趣，巴甫洛夫随后以研究生的身份进入俄罗斯的帝国外科医学院学习并跟随教授做研究，这期间，巴甫洛夫的导师离职了，他不得不更换导师。由于他显示出非凡的才华，当时俄国著名的临床医学专家波特金教授，让他到自己的生理实验室工作。巴甫洛夫同时也获得了学院的金质奖章，让他不再需要为生计发愁，可以专心做研究。在 34 岁那年，巴甫洛夫获得博士学位，然后又到德国进修了近三年。等到 1886 年，巴甫洛夫回到俄国开始寻找职位时，已经 37 岁了。

很多人误以为巴甫洛夫是因为条件反射的研究成果而获得诺贝尔生理学或医学奖的。事实上，他之所以获奖，是因为在消化系统方面的研究工作，特别是在消化系统手术方面的贡献。

巴甫洛夫早期的职业生涯也并不顺利，他先是申请担任圣彼得堡国立大学生理学系主任，但是被拒绝了。虽然他收到西伯利亚托木斯克国立大学和波兰华沙大学药理学教授的职位邀请，但是他对这两个职位并不满意，便没有接受。直到 1890 年，41 岁的巴甫洛夫才被任命为军事医学院药理学教授，不过从第二年即 1891 年开始，巴甫洛夫的好运气来了，他被圣彼得堡实验医学研究所请去创立生理学系。

在随后的 45 年时间里，巴甫洛夫领导着这个研究所，使其成为世界上最重要的生理学研究中心之一。1895 年，巴甫洛夫又担任了军事医学院生理学系主任，并且领导该系长达 30 年。在这几十年的研究生涯中，巴甫洛夫在生理学、心理学等领域做出了杰出贡献。不过，在他所有的贡献中，最为人们所熟知的就是他关于狗条件反射的实验。

“巴甫洛夫的狗”

在 19 世纪 90 年代，巴甫洛夫开始研究动物的消化系统，他的实验对象是狗。巴甫洛夫注意到，狗在食物进入嘴里之前便开始分泌唾液。当时的人通常把意识和灵魂等同起来，因此他称唾液为“灵魂分泌液”。很快，巴甫洛夫意识到，搞清楚为什么狗在进食之前能够自动分泌唾液，比了解唾液本身的消化功能更重要。于是，他改变了研究重点，转而研究神经系统的作用。经过研究，巴甫洛夫提出了条件反射（也被称为古典条件反射）的理论，即唾液分泌是哺乳动物根据先前的经验，自动形成的无意识的神经反应。为了证实这一点，他设计了一个非常精妙的实验。

巴甫洛夫在每次给狗喂食的时候，同时给它摇铃铛，狗会因为有食物而分泌唾液。但是，当进食和铃声这两件原本不相关的事情经常同时出现时，狗就会对这两种并不相关的外界刺激做出同样的生理反应。久而久之，只要给它摇铃铛，即使不进食，狗也会分泌唾液。这种现象便是条件反射。

其实，早在古希腊时期，条件反射的现象就被人注意到了。亚里士多德在他的书中将这种现象称为接近律，也就是当两件事物经常同时出现时，大脑对其中一件事物的记忆会附带另外一件事物。比如，有些人考试时穿了几次红色的外衣，考得比较好，他就会下意识地认为红色外衣和成绩好有关联，以后每次考试都会穿红色的外衣。但是这种“接近律”在过去是没有方法证实的，巴甫洛夫了不起的地方在于，他设计出一种科学实验，能够定量地证实动物神经系统的这个特性。

那么，条件反射是人和动物在生理上存在的普遍现象，还是只和消化系统有关的特例呢？为了搞清楚这个问题，美国心理学家约翰・沃森和他的助手罗莎莉・雷纳受到巴甫洛夫的启发，在 1920 年进行了一个更详细的人类实验——小艾伯特实验。

小艾伯特实验

沃森和雷纳是约翰・霍普金斯大学医学院的研究人员，小艾伯特是该医院一位雇员的儿子，当时只有 9 个月大。在实验开始之前，小艾伯特接受了一系列基础情感测试，让他首次短暂地接触以下物品：白鼠、兔子、狗、猴子、有头发和无头发的面具、棉絮、焚烧的报纸等。结果发现，在此期间，小艾伯特对这些物品均不感到恐惧。两个月后，当小艾伯特 11 个月大时，沃森等人开始了实验。

第一步，把小艾伯特放在房间内桌上的床垫上。实验室白鼠放在靠近小艾伯特处，允许他玩弄它。这时，他对白鼠并不恐惧。当白鼠在他周围游荡时，他开始伸手触摸它。

第二步，当小艾伯特触摸白鼠时，沃森和雷纳就在他身后用铁锤敲击悬挂的铁棒，制造出刺耳的声音。小艾伯特听到巨大声响后便大哭起来，表现出恐惧。该过程重复数次。

第三步，把白鼠放在小艾伯特面前，没有声音刺激。他对白鼠出现在房间里感到非常痛苦，哭着转身背向白鼠，试图离开。显然，小艾伯特已经将白鼠与巨响联系起来了，并产生了条件反射。

第四步，当强化白鼠和恐惧的联系之后，小艾伯特会对和白鼠有共性的东西，比如小兔子、圣诞老人白色的胡子，也产生恐惧。这个过程是17天。

这个实验导致以下一系列后果：

- 巨响（非条件刺激）出现，引起恐惧（无条件反射）。
- 白鼠（中性刺激）与巨响（非条件刺激）同时出现，引起恐惧（无条件反射）。
- 白鼠（条件刺激）出现，引起恐惧（条件反射）。在这里，学习发生了。

而且，这种恐惧对其他相似的东西也有效。在实验的17天后，当沃森将一只兔子（非白色的）带到房间，小艾伯特也变得不安。对于毛茸茸的狗、海豹皮大衣，甚至沃森戴上有白色棉花胡须的圣诞老人面具出现在他面前，他都做出相同的反应。不过，小艾伯特并不是单纯惧怕一切有毛发的东西。

巴甫洛夫和沃森的实验，不仅揭示了人和哺乳动物的一些生理和心理习性，还启发后来的研究工作者理解人类学习的机制。后来人们又把研究的范围从无意识的条件反射，扩展到有意识的思维反应上，更多地了解了人类各种心理现象。比如今天很热门的一个概念——强化学习就和这种条件反射有关。比如，孩子做对了一件事，你给他一个鼓励；做错了一件事，你给他一个惩罚，这就是强化学习的方法。久而久之，他就形成了习惯，不去做那些会被惩罚的事情，更愿意主动去做那些能够得到奖励的事情。因此，对于青少年来讲，从小培养好习惯很重要，因为习惯养成，就成了以后日常做事情时自然而然采用的方法。好的习惯会带来对自己有益的结果，坏的习惯不仅对自己有害，而且很难改变。今天，在人工智能领域，能够自动进行、不断优化的机器学习方法，采用的就是这个原理。

近几十年来，人们对思维活动和心理活动的研究更加细致了。经过研究发现，并非所有一同出现的事情都会让人们产生相关的反应，一些时候还会产生逆向反应（也被称为逆向制约）。比如，在幼儿教育方面，老师或者父母想让小孩子学习生字，为了引起他们的兴趣，先给他们看一些有趣的图片，再给他们看字，结果小孩子的注意力反而放在有趣的图片上了，对文字却没有兴趣。类似地，有些人想当然地以为，把数学练习做成游戏，让孩子练习，孩子就会感兴趣。事实正相反，孩子会对游戏产生兴趣，而忽略数学练习。

人类的生理和神经反应、意识和思维活动是非常复杂的，很多问题都有待研究。巴甫洛夫的条件反射实验为人们研究那些非物理的、复杂的行为和活动提供了一种方法，就是提供外界刺激，看看会产生什么反应，再通过这些反应分析它们产生的原因。

兴趣是最好的老师

当骨骼创伤的病人来到医院的时候，医生往往会让他们拍摄“X 光片”以观察伤情。通过片子，医生便可以很清晰地看到肉体之下骨骼的受伤情况。这种神奇的现象在神话传说中被古人描述为“透视眼”，但现实里，它依然是物理学的杰作。

医生的“火眼金睛”

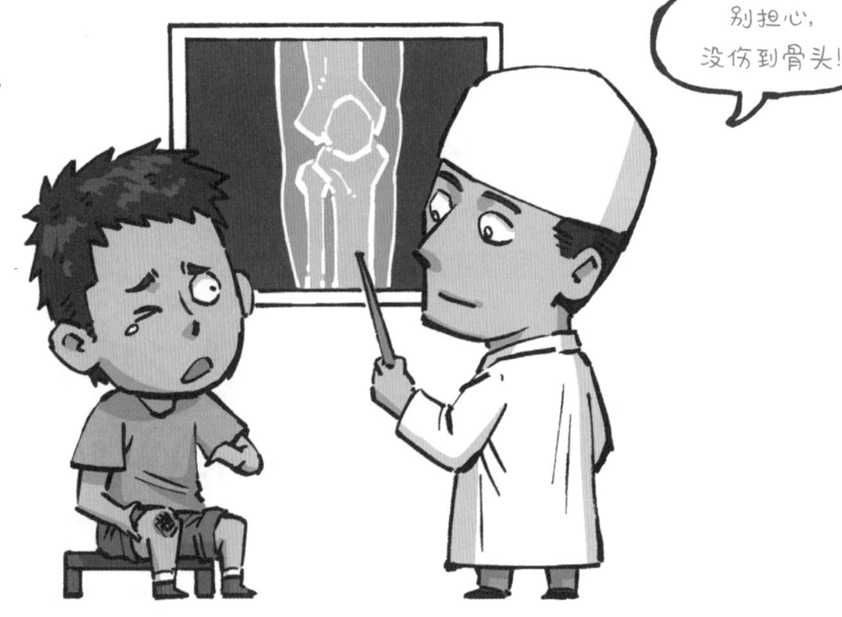

伦琴发现肉眼看不见的光

19 世纪末，虽然绝大部分物理学家都认为电磁波和光是一回事，但是，这依然只是一种猜测，我们不能简单地将具有相同性质的东西等同起来。如果人们能够用产生电磁波的装置，产生一种光波，那就更具有说服力了。这件事最终被德国物理学家**伦琴**完成了。

伦琴出生在德国一个商人家庭，不过，物理学界更愿意把他说成是一个世界公民。伦琴年轻时随父母搬到荷兰生活，然后入读荷兰最古老的乌得勒支大学。随后，他又进入了瑞士的苏黎世联邦理工学院，这所大学被认为是欧洲大陆最好的理工科大学，出了包括爱因斯坦在内的大量的著名学者。获得博士学位后，伦琴又在法国的斯特拉斯堡大学任教。后来，伦琴受德国政府的请求，回到德国的大学任教。在晚年，他准备移居美国，并且已经接受了哥伦比亚大学的教职，只是因为第一次世界大战的爆发让他无法成行，并且最终在德国终老。

1895 年，伦琴用阴极射线管来研究电磁波和光的性质。在伦琴之前，德国物理学家莱纳德制作了一种特殊的阴极射线管——**莱纳德管**，它能发射出阴极射线，让阳极的感光物质发光。同年 11 月，伦琴想进一步改进实验，他在莱纳德管发射阴极射线的地方放了一块铝板，然后在上面开了一个小口，这样阴极射线只能从开口处射出去，其他地方的射线都会被挡住。不过，当伦琴把涂了荧光物质的纸屏靠近“铝窗”时，整个纸屏都发出了微弱的光。起初，伦琴以为这是房间里的光导致的，他把光线调暗，依然能够看到纸屏发光。伦琴没有想到这是一种尚未被人发现的射线，因此花了很多时间寻找可能的原因，比如他猜想，是否感应线圈附近有静电导致了荧光效应，于是他把感应线圈包了起来，但纸屏上依然能够检测到亮光。他又把整个阴极射线管用黑纸包了起来，依然挡不住射线管所产生的特殊射线。而且当他把房间里的灯全关掉时，射线管里所产生的特殊射线仍然把不远处的水晶照出了微光。

阴极射线管就是早期电视机所使用的那种笨重的玻璃屏幕，它是一个真空管，利用电极在低压气体中放电，形成频率很高的电磁波，这种电磁波是从阴极发射到阳极，如果在阳极涂上一点感光的荧光粉，就能看到微弱的光。

哪来的微光？

这时伦琴才意识到，他发现了一种特殊的射线，这是一种不能被肉眼直接看见，但是穿透力极强的光。这一天是 1895 年 11 月 8 日，星期五，这也是伦琴第一次记录下他的新发现的日期。伦琴打算利用接下来的周末重复这个实验，但他没有想到，实验一做就是七周。在那段时间，他吃住都在实验室里。

未知的射线什么样？

在这七周里，伦琴首先重复了之前的实验，证实他所看到的现象是可以重复的，而不是某种巧合导致的。接下来，他做了各种实验来了解这种未知射线的性质。

首先，伦琴把纸屏换成了未曝光的胶片，他发现那种射线能够让被黑纸包好的胶片曝光，这说明它是一种能够穿透黑纸的光。接下来，伦琴又用玻璃、铝板和铅板遮挡这种射线，来测试这种未知射线的穿透能力。伦琴发现，这种射线的穿透力极强，不仅一般的隔板无法挡住它，就连铝板也只能挡住一部分辐射。不过有意思的是，玻璃遮挡它的效果比铝板要好，虽然玻璃是透明的，这是因为玻璃中含铅。

接下来，伦琴又检测了锌、铅和铂金遮挡这种射线的效果。由于当时已经有了胶片成像技术，伦琴得以将 X 光照射这些实验材料后透出的“光亮”用胶片记录下来。他发现，比重非常大的铂金能最有效地阻挡这种射线，其次是比重比较大的铅，而比重较小的铝阻挡这种射线的能力只有铂金的 1/200，铅的 1/66。换句话说，20 厘米厚的铝锭，遮挡这种射线的效果只相当于 1 毫米厚的铂金板。

由于这种射线之前不为人知，伦琴给它起名为 X 射线，即未知的射线。X 射线显然是一种肉眼看不见的光，它具有光的各种性质。但是，伦琴还需要证明它不是当时已知的紫外线，因为紫外线也看不见，而且具有光的性质。于是，伦琴又进行了更多的实验。

不同材料遮挡 X 射线的效果

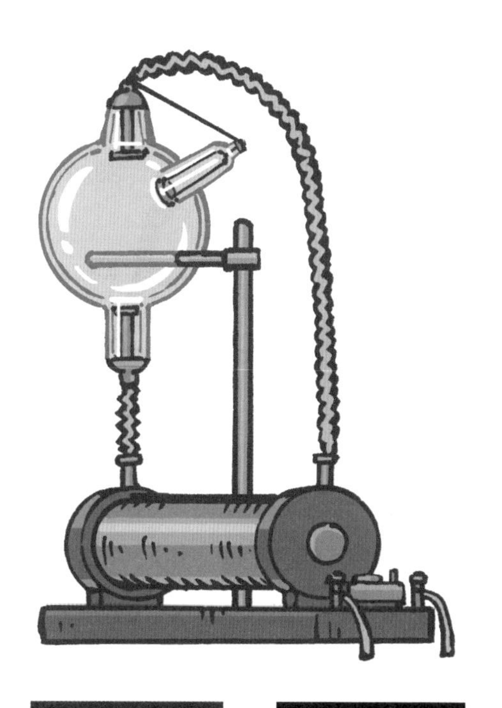

铝板　玻璃　铅板　铂金板

人类第一张"X"光片

伦琴发现，X 射线的穿透能力极强，它在穿透各种媒介时，几乎不会产生折射，更不会发生反射，可见光和紫外线都没有这样的性质。由于几乎没有折射和反射，X 射线照到物体上，要么穿透过去，要么被吸收，而被吸收的多少和物体的颜色、透明度都无关，只取决于它的密度。于是，伦琴给出了结论：X 射线是一种之前人们不知道的新的射线，或者说新的看不见的光。

为了向大家说明 X 射线有很强的穿透力，伦琴用 X 射线照射他太太的手，拍了一张照片。这张照片中，只有骨骼和无名指上的戒指，它也被认为是科学史上最重要的照片之一。

今天科学家们发现，X 射线其实也有折射和反射，但是非常弱。检测设备的革新有可能会让过去的一些结论出现偏差，保持质疑和求证的态度是科学精神的体现。

随后，伦琴将他的发现写成了《X 射线》一文，在当年年底之前（1895 年 12 月 28 日）迅速发表了。1896 年 1 月 5 日，奥地利一家报纸报道了伦琴的发现，不久之后，这个发现就轰动了欧洲。伦琴在随后的两年时间里继续研究 X 射线的特性，并且发表了两篇论文。1901 年诺贝尔奖委员会将第一次的诺贝尔物理学奖授予了伦琴。伦琴治学十分严谨，到现在为止，还没有发现他的学术论文里面存在错误。

伦琴发现 X 射线并非偶然，当时多个国家不少科学家都在进行阴极射线管的研究，甚至一些实验室已经有了 X 射线的影像记录。但是，那些研究人员没有把它当回事，只是把那些影像归档了事。而伦琴在看到荧光屏上不该出现的光亮后，花了很长的时间寻找原因，并且进行了进一步的实验，这才发现了 X 射线。

X 射线的发现有很多意义。在物理学上，人们用制造电磁波的方法产生了一种光，这说明可见光是一种特殊的电磁波。在医学上，X 射线的发现意义更大，它让人类可以不剖开人体就能看清体内的骨骼和器官。

除了在医学上，X 射线还应用在微观世界的观察和对太空的研究，而另一个重要的应用领域是材料无损探伤，它可以检测出金属材料，特别是焊接部位的内部缺陷。

在伦琴之后，不少物理学家开始研究放射性，并且发现很多天然的元素带有放射性。人们一方面利用放射性造福社会，另一方面也在防范它的危害。

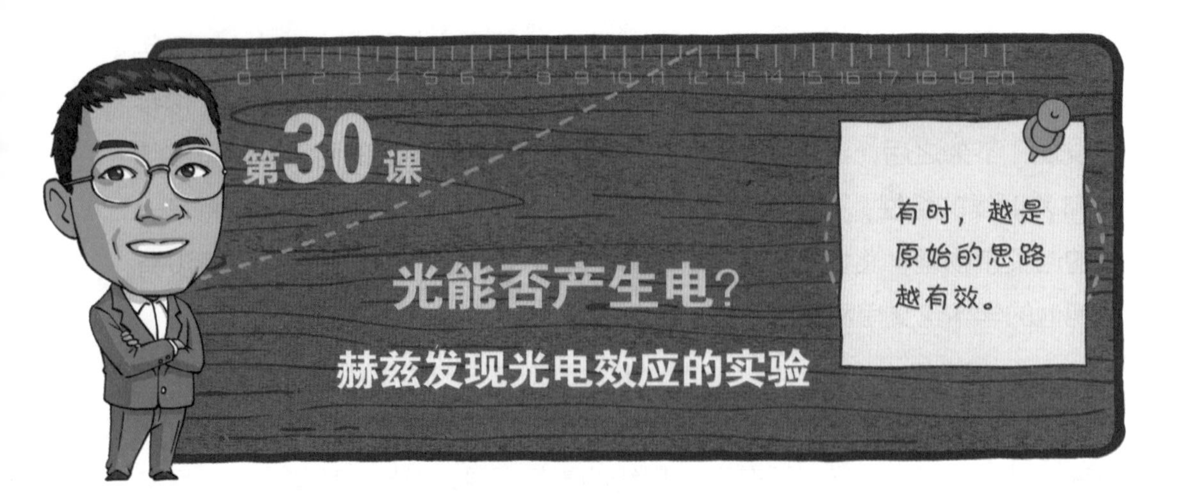

第30课 光能否产生电？

赫兹发现光电效应的实验

在19世纪末，人们发现电可以产生光，而且从电到光的转换有很多种途径。比如，早期人们了解到的电弧放电、后来的白炽灯，以及阴极射线管在真空玻璃管中所产生的辉光放电等。但是，反过来，光能否产生电呢？

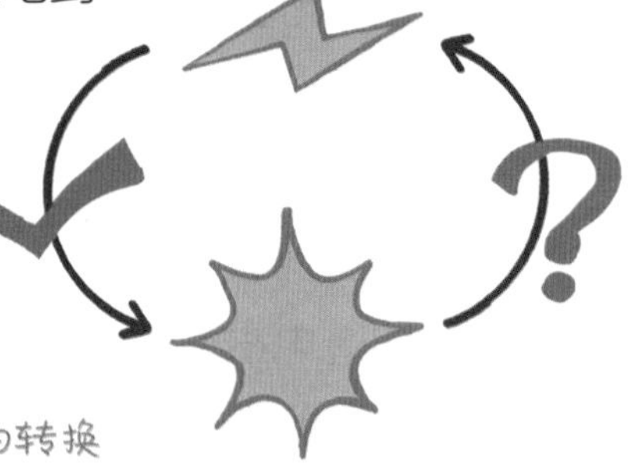

光和电的转换

赫兹的意外收获

光变电的发现，实际上是赫兹在进行电磁波实验时得到的意外收获。我们在前面讲到，从1886年起，赫兹为证实麦克斯韦所预言的电磁波进行了一系列实验。在实验成功之后，赫兹并不满足，仍在想方设法改进实验装置。1886年12月初，为了便于观察实验结果，赫兹用一个暗箱罩住接收器部分，也就是接收天线。在实验中，他意外发现接收天线电极之间的放电火花变短了。按理说，黑色罩子是挡不住电磁波的，放电火花应该和没有加罩子时一样。这个意外现象让赫兹感到困惑，他想了很久，也想不清楚原因。于是，他又改变了实验条件，继续进行观察，包括改变电极之间的距离、改变接收器周围的气压、分别屏蔽发射电极和接收电极、用不同的光照射接收器等。最终，赫兹发现，这种现象并非电磁波被屏蔽造成的，而是因为电弧产生的紫外线无法照到接收器的负电极上。这是一个很重要的发现。

为了证实接收器的电流（电弧）强度受到紫外线的影响，赫兹做了很详细的实验。他把能够吸收紫外线的玻璃板放在发射器和接收器之间，这样发射器电弧产生的可见光能够透过玻璃照射到接收器上，但是紫外线却会被玻璃板遮挡住，这时接收器的电弧放电会减弱。然后，他用不吸收紫外线的石英玻璃取代普通的玻璃板，放在发射器和接收器之间，这时接收器的电弧强度便不受影响了。

赫兹当时还无法解释他所看到的现象，但是把实验的过程和结果写成了题为《论紫外光对放电的影响》的论文，发表在《物理年鉴》上。

这篇论文引起了物理学界广泛的兴趣，不少物理学家也开始研究这个现象，他们获得了和赫兹同样的结果，并且发现了一些新的现象。比如，德国物理学家哈尔瓦克斯发现，其实不需要像赫兹那样构建电磁波的发射和接收装置，只要把紫外线照射在干净的锌板上，就能让锌板产生正电荷。于是哈尔瓦克斯得出一个结论，当暴露在紫外线下时，锌板会发出一些带负电荷的粒子。

人们把这种光能够产生电的奇特效应称为光电效应，也有人称之为赫兹效应，但是没有人能解释其中的原因。我们今天已经知道，在物质的原子中，电子是带负电荷的，因此，被紫外线照射的锌板应该是失去了一些电子。但是，当时人们还没有电子的概念，他们只知道物质内有正电荷和负电荷，他们能够想象的是，锌板失去了一些负电荷。由于缺乏对电子的了解，当时人们寻找的原因也是五花八门。比如，哈尔瓦克斯就猜测，光电效应可能是因为紫外线把锌板表面的氧气变成臭氧，因为当时人们已经知道紫外线照射会产生这样的变化。总之，用赫兹自己的话说，“在光和电现象之间，这种直接的相互作用的关系还是极其罕见的”“这是一种令人惊奇而全然无知的效应”。

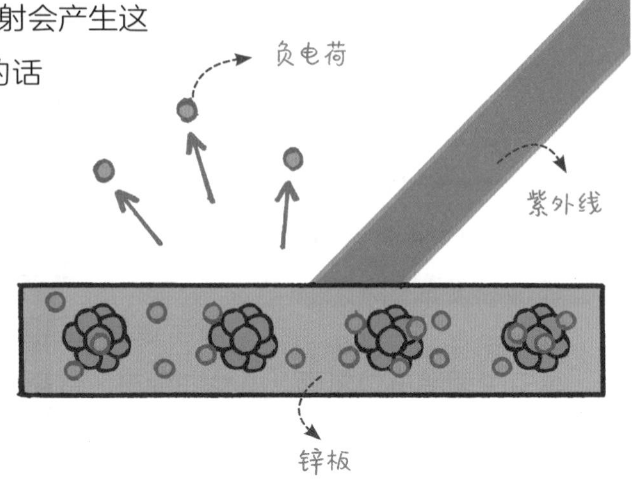

热门的光电效应

到 1891 年，俄国物理学家斯托列托夫发现，光的强度与产生的电流成正比，这在后来被称为光电效应第一定律或斯托列托夫定律。此外，他还发现，光电效应所产生的电流强度和气压有关，不能太大也不能太小。这些发现有助于人们了解光电效应的性质，但是依然没有解释它发生的原因。

完美解释光电效应原因的是英国物理学家**约瑟夫·汤姆森**，他在研究阴极射线管时提出了电子的概念，并且用电子的概念解释了光电效应。汤姆森正式提出电子概念的时间是 1897 年 4 月 30 日，当时他在英国皇家科学院做了一个报告，指出阴极射线管发射出的粒子束是由尺寸远小于原子，带负电荷的粒子组成的，他主张将这种粒子称为电子。随后，在光电效应的实验中证实，紫外线照射锌板后，锌板发出的粒子和阴极射线管产生的粒子一样，也是电子，它们的质量和电荷量相同。

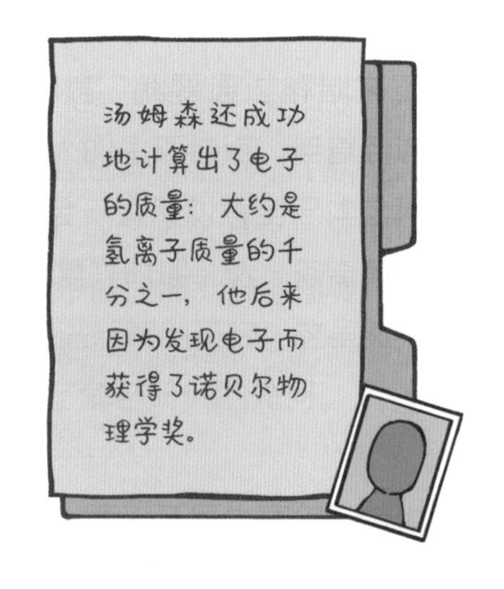

光电效应是 19 世纪末至 20 世纪初最热门的研究领域之一，由于大量物理学家都参与了研究，人类在很短的时间内对这个重要现象的特性有了比较全面的了解。比如，人们发现不同的金属产生光电效应的难易程度不同，而且不仅金属会产生光电效应，包括一些气体在内的非金属也可以产生光电效应。特别值得一提的是，在 20 世纪初，德国物理学家菲利普·莱纳德，就是我们之前提到的发明莱纳德管的人，发现了光电效应的几个重要特性，包括光电效应产生的逃离金属的电子的数量和光的辐照度（亮度）成正比，但是逃逸出来的电子的运动速度却和辐照度无关，只和光的频率有关。他后来因此获得了诺贝尔物理学奖。当时莱纳德等人还发现一个现象，如果光的频率达不到一定的水平，就无法产生光电效应，无论照射多久，都没有用。这个频率和特定的物质有关，被称为物质的极限频率。

莱纳德等人的发现和经典物理学理论是矛盾的。人们知道红色的光频率低，对应的能量也低，紫色的光频率高，能量也高，紫外线频率和能量更高。按照经典物理学的理论，如果我们用更亮的红光和较暗的紫光照射金属，金属获得的能量相同，逃逸出来的电子的速度应该相同，但事实上并非如此。低频率的光照射后激发出

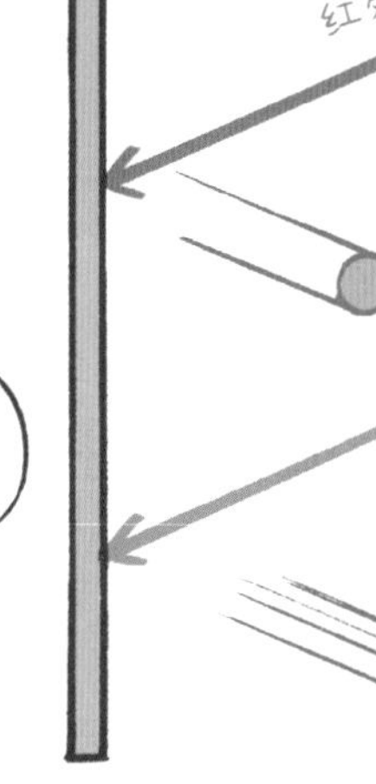

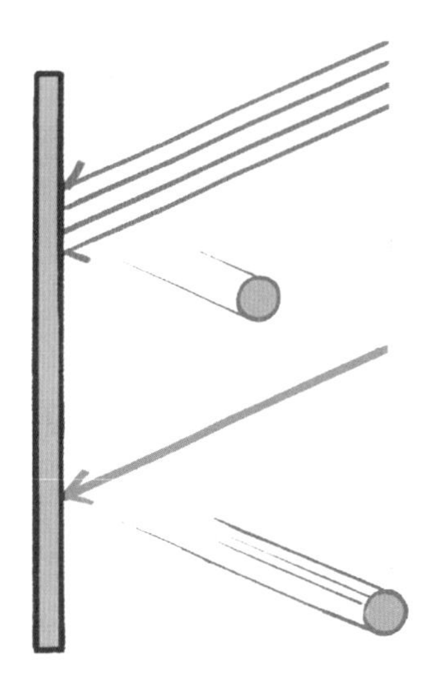

来的电子运动速度，就是比不上高频率的光。另外，低频率、低能量的光照射足够的时间，应该能积累足够的能量产生光电效应，但事实也非如此。对于这些现象，当时的科学家无人能解释。

波粒之争的终结

最终，在 1905 年，爱因斯坦提出了一个颠覆性的理论，解释了这个问题。爱因斯坦认为，光的能量不是连续的，而是一份一份的，换句话说，光显示出粒子的属性。我们知道，在牛顿的年代，人们认为光是粒子，但是后来很多实验表明，光是一种波，特别是在赫兹证实了电磁波存在之后，大家都认可了光是一种特殊的电磁波的理论。现在，爱因斯坦又说光具有粒子性，这不是和之前的理论矛盾吗？爱因斯坦认为，这两种说法并不矛盾，光其实既具有粒子性，又具有波动性，今天我们把光的这个特性称为波粒二象性。后来，物理学家密立根证实了爱因斯坦关于光电效应的理论，爱因斯坦也因此获得了诺贝尔物理学奖。至此，光电效应产生的原因和各种特性才得到完美

的解释，而物理学界争论了 300 年的粒子说和波动说才算画上了圆满的句号。遗憾的是，赫兹因为英年早逝，没有看到他的实验会让人们对光学乃至整个物理学的认识发生天翻地覆的变化。

值得指出的是，爱因斯坦的理论是基于普朗克的理论提出的，而普朗克则是量子力学的奠基人。在普朗克之后，物理学进入量子时代。光电效应在今天有很多应用，比如太阳能电池，其实就是利用半导体 PN 结的光电效应，将太阳的光能转换成电能。

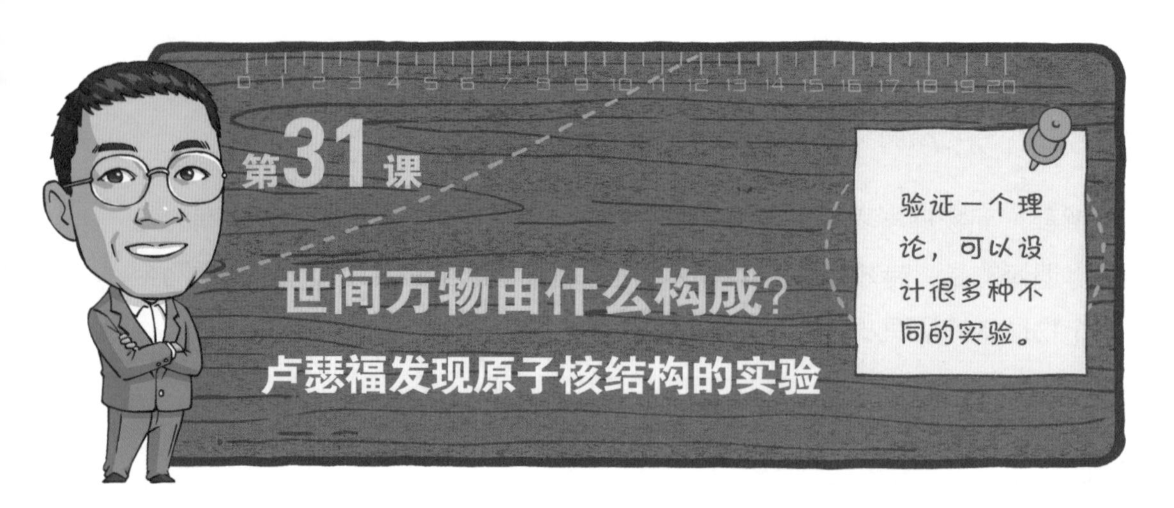

世界上的万物是由什么构成的？这个问题人类在文明之初就思考过。在古希腊和古代中国，人们都提出了朴素的原子论，认为世界是由金、水、气、火等非常基本的小颗粒构成的。古希腊的德谟克利特还认为，物质是由不可再分的原子组成的。不过，古代那些朴素的原子论和近代基于化学的原子论是不同的。

小颗粒组成了世界

原子构成分子，分子构成世界

在近代，化学家们认识到，每一种单纯的物质都是由一种分子构成的，但是分子很小，即使是放到显微镜下，也看不见，人们无法直接证实分子的存在。到 19 世纪初，布朗等人在显微镜下看到漂浮在水中的花粉会做不规则运动（**布朗运动**）。后来爱因斯坦建立了水分子运动模型，解释了布朗运动，也证实了水分子的存在。

近代化学家们在做实验时还发现，两种或多种不同的物质发生化学反应后，会产生新的物质，因此他们认识到，分子是由更基本的单位——原子组成的。最早提出科学的原子论的人是英国科学家**道尔顿**，他也是焦耳的老师。道尔顿在进行各种化学实验时注意到，在任何化学反应中，发生反应的不同物质都是成整数倍，而生成的各种物质也是如此，即倍比定律。因此他提出一种科学的解释，即不同物质的分子都是由若干个原子组成的，不同的原子对应不同的元素，而化学反应是这些原子的重新组合，只有这样才能很好地解释倍比定律。道尔顿的原子论概括起来有以下四个要点：

元素是由非常微小、不可再分的微粒——原子组成的，原子在一切化学变化中不可再分，并保持自己的独特性质。

同一元素所有原子的质量、性质完全相同。不同元素的原子质量和性质各不相同，原子质量是每一种元素的基本特征之一。

不同元素化合时，原子以简单整数比结合。

物质有单质和化合物之分，如果一种物质只包含一种元素，则称为单质，而不同元素原子相互结合，就形成了化合物。

道尔顿还用原子论解释了当时已知的很多物理学和化学现象，比如为什么不同物质发生化学反应能产生新的物质，为什么在化学反应中物质守恒等。在道尔顿以后，原子的概念已经被科学界普遍接受，整个近代化学都是建立在“**原子构成分子**”这个前提之下的。

葡萄干布丁模型

接下来，人们自然而然会有一个疑问，如果说原子是构成物质的基本颗粒，那么原子内部是什么样的，它们是否还能分成更小的基本粒子呢？

1897 年，约瑟夫·汤姆森从阴极射线里找到了电子存在的证据，他提出了一个原子的模型——葡萄干布丁模型。在这个模型中，原子的内部均匀分布着很多带负电荷的电子，它们就像镶嵌在布丁上的葡萄干一样。这些相互排斥的电子可能是因为受到某种吸引力被束缚于原子内部。

葡萄干布丁模型只是一种看似合理的假说，和很多实验结果并不相符。

后来汤姆森的学生，生于新西兰的著名物理学家**卢瑟福**发现了具有放射性的原子会自己解体，释放出 α 射线和 β 射线，并因此获得了 1908 年的诺贝尔化学奖。卢瑟福的这个发现说明，原子并不是一个整体，而是由更小的粒子构成的。那么原子内部的结构是什么样的呢？

轰它：高能物理如是说

1909 年，卢瑟福设计了一个巧妙的实验，解决了这个难题。

卢瑟福的实验说起来很简单。假如我们想知道一个草垛子里面到底有什么东西——它是实心的，还是空心的？可以用一挺机关枪对它进行扫射。如果所有子弹都被弹了回来，那么这个草垛子就是实心的；如果所有子弹都穿了过去，并且没有改变轨迹，那么这个草垛子应该就是空心的。

卢瑟福把原子想象成一个草垛子，而“扫射”用的是一把特殊的枪——α 射线。卢瑟福用 α 射线轰击一个金箔制作的靶子。如果所有的 α 粒子都被弹回来，那么说明原子是实心的；如果所有的 α 粒子穿过了金箔靶子，打到了靶子后面放置的感光胶片上，那么就说明原子内部是空心的。实验数据显示，有很少量的（大约只有 1/8000）α 粒子被反弹回来，大部分都基本按照原来的轨迹穿过了靶子，还有一些四处乱溅。这说明原子核内部既不是空心的，也不是完全实心的，而是有空心的地方，有实心的地方。

卢瑟福根据 α 粒子反弹和溅射的轨迹（通过感光照片获得），推断出在原子的中心有一个很小的原子核，在原子核四周是密度很低的物质（后来证明是电子云）。由于这个发现，原子的模型便以卢瑟福的名字命名了。

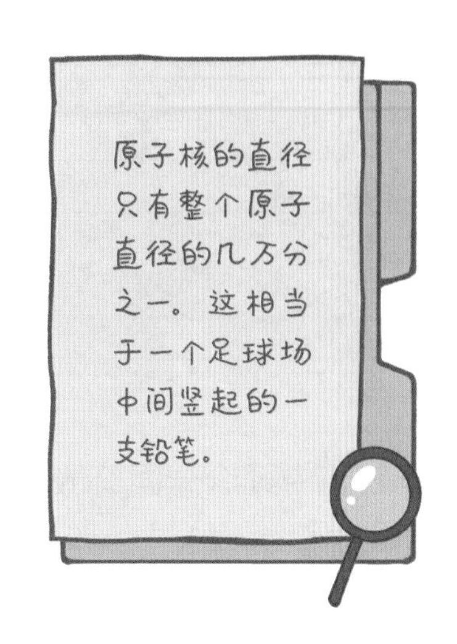

卢瑟福金箔实验的意义重大：一方面，它证实了卢瑟福原子核模型的真实性；另一方面，它告诉人们一种在原子和亚原子量级进行物理实验的方法，就是用高能量的粒子束轰击目标，看看能产生什么东西。1919 年，卢瑟福用 α 粒子轰击氮原子核，发现原子核中包含一种更基本的带正电的粒子——质子。后来，人们用同样的方法得到了氟、钠、铝等原子核中的质子。可见质子是原子核的组成部分。今天，这种方法成为实验物理学的一个重要分支——高能物理。

第32课 光线为何遇见太阳会拐弯？

爱丁顿证实相对论的实验

从科学实验到现实应用，要解决更多的问题。

1905年，爱因斯坦提出了狭义相对论。他通过光速恒定的假设建立了一套新的物理学体系，颠覆了人类自伽利略和牛顿以来对物理学的认识。1915年，爱因斯坦又提出了广义相对论，将之前的狭义相对论和万有引力定律完美地统一了起来。

水星的花瓣轨迹

光线可以拐弯？

广义相对论能够解释万有引力定律解释不了的一些现象，比如水星的运动轨迹问题。根据开普勒的理论，行星围绕太阳运动的轨迹应该是椭圆形的。但是水星却是太阳系中的一个例外，它的运动轨迹是花瓣形的。这个现象不符合万有引力定律，因此人们猜测在水星和太阳之间还有一颗行星存在，并且起名为火神星（也被称为祝融星），但是人们一直没有找到它。

爱因斯坦的广义相对论可以很好地解释水星运动的轨迹，而且用这个理论得到的数据和观测值非常吻合，因此一些物理学家开始接受广义相对论。但是，爱因斯坦的这个理论过于抽象，以至于当时全世界的物理学家都理解不了。

整个物理学界还是将信将疑，因此人们需要通过更有说服力的实验证据来证实广义相对论。

根据爱因斯坦的理论，质量很大的星体周围会有引力场，引力场将导致星体周围的时间和空间弯曲，比如地球的重力所产生的引力场就让周围的空间弯曲，当月球在地球周围运动时，它就自然而然地以一个弯曲的椭圆曲线运动。这是另一种解释宇宙星辰运动规律的理论，但是比万有引力定律更准确。那么怎么才能证实这个理论呢？

既然时空被引力场弯曲了，那么在引力场很强的区域，原本走直线的光线也应该会弯曲。如果我们能够观测到光线在一个星体附近拐了弯，就从一个方面证实了广义相对论。最简单的验证办法，就是看看遥远星辰射过来的光线经过太阳时是否拐弯。不过由于星辰的光线相比太阳光暗很多，这个实验只能在日全食发生的时候进行。

爱因斯坦在完整地提出广义相对论之前，就预言了星光经过太阳时会拐弯。在 1914 年 8 月的日全食期间，德国科学家弗罗因德利希和美国科学家坎贝尔前往能看到日全食的俄国拍摄，但由于第一次世界大战爆发，弗罗因德利希直接就被俄国人逮捕了，而坎贝尔作为中立国美国的公民，被允许前去拍摄，可偏偏又遇到阴天，因此无功而返。

超越战争的科学

1918 年第一次世界大战结束，1919 年会出现一次日全食，于是以亚瑟·爱丁顿爵士为首的英国物理学家来到西非的普林西比岛，观测 1919 年 5 月 29 日的日全食。

爱丁顿出生于英格兰的一个中学教师家庭，他年幼丧父，他和姐姐由母亲独自抚养长大，并且随母亲完成了小学教育。11 岁时，他直接进入中学。由于他成绩优异，在 16 岁时获得了大学奖学金，进入大学深造，又以突出的成绩进入剑桥大学著名的三一学院攻读硕士学位，然后在著名的卡文迪许实验室和格林尼治天文台工作。由于当时剑桥大学并没有教授职位空缺，因此爱丁顿一开始只是以研究员的身份在那里工作。直到 1912 年，达尔文的儿子、剑桥大学终身教授乔治·达尔文去世，为他留出了一个空缺，爱丁顿接替了乔治·达尔文的职位，成为剑桥大学的终身教授，随后又被任命为剑桥大学天文台台长，不久就被选为英国皇家学会会员。

爱丁顿是第一个向英语世界介绍爱因斯坦广义相对论的科学家。在第一次世界大战期间，英国和美国已经不关注德国的科学进展了，爱丁顿则是一个例外，他一直在关注爱因斯坦的研究。1919 年，爱丁顿率队来到西非，而他

的助手率队前往巴西。那次日全食的持续时间只有 5 分钟，所有的实验和记录都必须在这 5 分钟内完成。由于爱丁顿准备充分，实验进行得很顺利，更重要的是，当时已经有了照相机，爱丁顿拍下了太阳附近的星星位置。对比没有太阳时那些星星的位置，发现它们产生了微小的角度变化，这说明光线经过太阳附近确实发生了弯曲，这符合广义相对论的理论。爱丁顿的这次实验结果一出来，就成为当时各大报纸的头版新闻。爱因斯坦和它的广义相对论也因此举世闻名了。

当时的媒体报道是“英国科学家帮助德国科学家验证广义相对论是正确的”，文章突出强调了战后两国关系的修复。

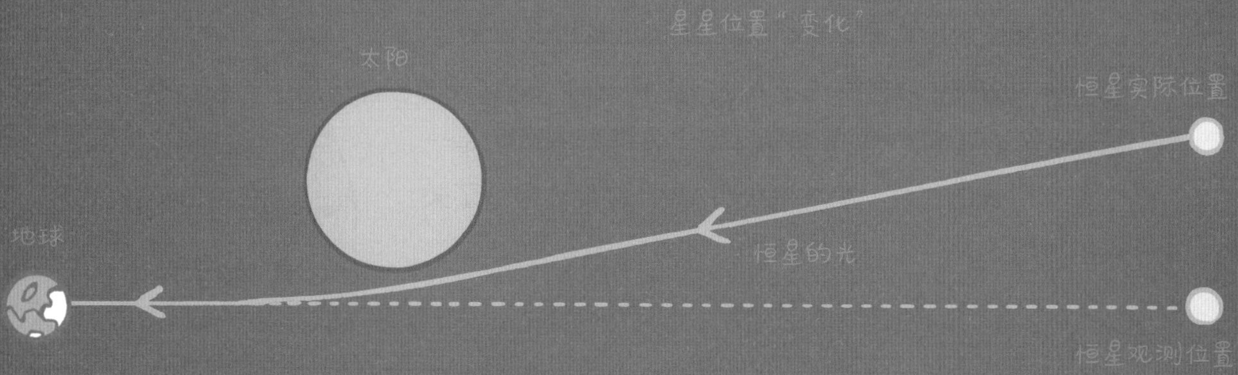

星星位置“变化”

太阳

恒星实际位置

地球

恒星的光

恒星观测位置

不过，爱丁顿这次实验观察到的数据和爱因斯坦理论预测的数据还有不小的偏差。于是在 1922 年日全食发生时，美国加州的利克天文台又重新测量了一次，得出的结果与爱丁顿 1919 年的结果相符，但是与爱因斯坦的预测依然有误差。这件事在随后的 40 多年里一直困扰着物理学界，直到 20 世纪 60 年代，科学家们开始采用比光波频率低的无线电波进行测量，终于证实了光线弯曲的程度完全符合广义相对论的预测。

在 20 世纪 60 年代，科学家们还设计出很多种不同的实验，证实广义相对论。此后，在物理学界就没人怀疑爱因斯坦的理论了。今天，广义相对论已经被用于很多领域，包括我们日常使用的 GPS 系统。

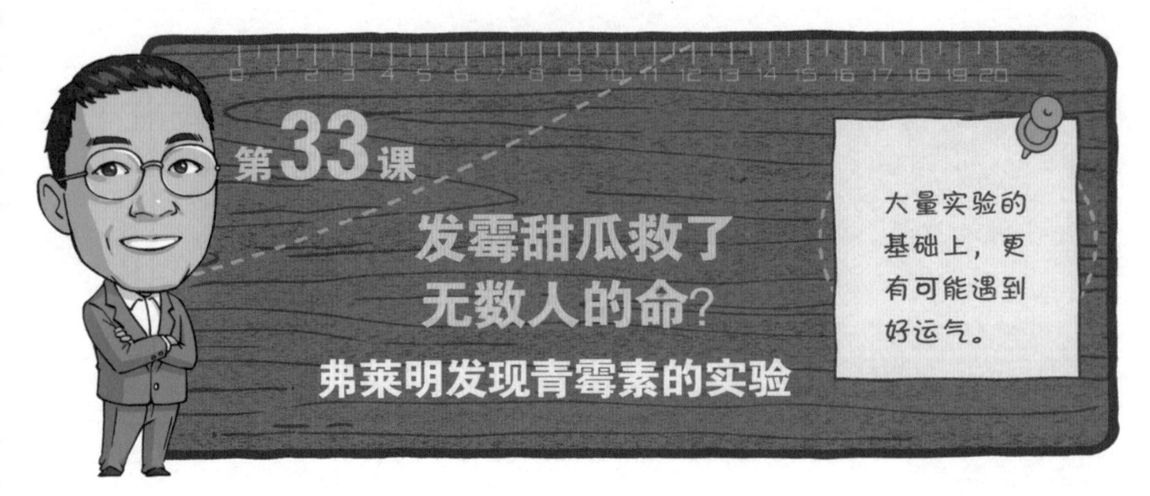

抗生素的出现让人类的平均寿命提高了10岁以上，可以说在医学史上没有第二类药能够像抗生素那么神奇，它在一瞬间治愈了许多困扰了人类几万年的顽疾，比如肺结核、外伤感染、性病、霍乱等。青霉素的发明是一个非常漫长的过程，其中有一个重要的实验起到了关键的作用。

“发霉的果汁”or“盘尼西林”

这个实验要从英国医生**亚历山大·弗莱明**说起，在第一次世界大战期间，弗莱明作为军医来到了法国前线，目睹了医生们对处理细菌感染无计可施的困境，战后回到英国就开始研究细菌的特性。19世纪末，人们已经知道细菌会导致疾病，会让伤口感染，但却不知道如何杀灭细菌。当时医生给伤员进行表面消毒，但是这种救护方法不仅效果有限，有时还有副作用，因为这样会把人体分泌的杀菌体液一同清除，常常是把伤员治得更糟糕。

弗莱明的想法和当时的大部分医生不太相同，他认为既然感染来自细菌，就要寻找能够将细菌杀死的药物，从人的身体内部杀死细菌。1927年，爱尔兰医生约瑟夫·沃里克·比格和他的两个学生从人化脓的伤口处发现了今天我们得知金黄色葡萄球菌是一种很常见的细菌，空气和污水中就有。这种细菌很容易寄生于人和动物的皮肤、鼻腔、咽喉、肠胃和化脓的伤口，引起腹泻等各种消化道疾病，以及很多外伤感染。

金黄色葡萄球菌，并且认为它可能和伤口感染有关。于是在英国圣玛丽医院工作的弗莱明和他的助手就开始研究这种细菌的性质。

为了研究金黄色葡萄球菌的性质并且设法找到能够杀死它们的药物，弗莱明就在盛有果汁的培养皿中培养这种细菌。到了第二年，也就是 1928 年，弗莱明照例在夏天 7 月的时候去他的乡间别墅休假。休假前，他培养了一批金黄色葡萄球菌，为了避免阳光直射，他把培养皿放在桌子的一个角落。9 月 3 日，弗莱明休假回来，重新来到实验室，当他和助手普赖斯检查培养皿时，发现一个培养皿里面发霉了，霉点周围的细菌都不见了。如果弗莱明是一个粗心的人，可能随手把培养皿洗一洗就重新做实验了。不过，弗莱明是一个观察很仔细的人，他发现霉菌周围的葡萄球菌似乎被溶解了，因此他用显微镜观察霉菌周围，发现葡萄球菌都死掉了。于是，弗莱明猜想，会不会是霉菌的某种分泌物杀死了葡萄球菌，弗莱明把这种物质称为“发霉的果汁”。

谁吃了我的葡萄球菌？

为了证实这个猜测，弗莱明又花了几周时间培养出更多这样的霉菌，以便能够重复先前的结果。9 月 28 日早上他来到实验室，发现葡萄球菌同样被霉菌杀死了。此后经过鉴定，这种霉菌为点青霉菌，1929 年弗莱明在发表论文时将这种分泌的物质称为青霉素（Penicillin），中国过去对这种药物按照音译，翻译成盘尼西林。9 月 28 日这个日子是弗莱明事后回忆起来的，弗莱明后来这样记录了当时的情景："当我在 1928 年 9 月 28 日早晨醒来时，我根本没有意识到自己会因为发现世界上第一种抗生素而改变整个医学界。"后来，1928 年 9 月 28 日被正式确定为人类发明青霉素的纪念日。

发现仅仅是第一步

今天，很多科普读物中，青霉素的发明过程就到此为止了。但事实却是，这次意外的发现只是发现青霉素漫长过程的第一步。从发现的这个现象，到研制出青霉素这种药，还差着十万八千里。在接下来的 10 年里，弗莱明依然在研究青霉菌，但是却一直没能分离提取出可供药用的青霉素。弗莱明做了很多实验，有时候结果令人振奋，让人们觉得青霉菌中的杀菌物质可以成为有效药，但更多的时候，实验结果令人沮丧。

弗莱明是一位优秀的医生，但却不是一名制药专家，他没有意识到青霉菌中青霉素的含量极低，其实没有太大的药用价值。当时弗莱明培养的青霉菌，每一升培养液只能产生两个单位的青霉素。如果按照今天门诊肌肉注射青霉素一针通常是 60 万 ~80 万单位估算，这一针的青霉素当时所需的培养液可以灌满一个长 25 米的短道游泳池。到 1940 年，弗莱明就放弃了对青霉素的研究。所幸的是，在 1938 年，来自澳大利亚的**弗洛里**接了弗莱明的班，他是英国牛津大学拉德克利夫医院的病理学家和实验室主任。

弗洛里有一个包括钱恩、亚伯拉罕和希特利等优秀科学家在内的研究团队，他们从弗莱明那里获得青霉菌的菌种后，进行了大量的实验，对青霉素的性质进行了详细的研究。

1940 年，钱恩和亚伯拉罕从青霉菌中分离和浓缩出了它的有效成分——青霉素。不过，从青霉菌菌种里分离出的青霉素实在太少，要想大规模生产青霉素，首先得有足够的青霉素进行实验。

青霉素女孩

于是，弗洛里就以每周 2 英镑的超低薪水动员了当地很多女孩一起来培养青霉菌。当时她们用完了医院里所有的培养皿，然后把能找到的各种瓶瓶罐罐都用上了，包括牛奶瓶、罐头罐、厨房用的各种锅，甚至是浴缸。当时人们调侃，这些“青霉素女孩”把牛津大学变成霉菌工厂。

靠着这么多青霉素女孩的帮助，弗洛里最终研制出一种青霉素的水溶液，并且调整了这种药液的酸碱度，让它能够用到人和动物身上。在此基础上，弗洛里和钱恩进行了动物实验。他们用了 50 只被细菌感染的小白鼠做实验，其中 25 只注射了青霉素，25 只没有注射，结果注射了青霉素的小白鼠活了下来，而没有注射的则死亡了，实验非常成功。

但是，在实验室里产生的那点青霉素还不够进行人的临床实验，这个问题即便是把全英国的药厂都动员起来也难以解决。当时第二次世界大战已经爆发，美国考虑到将来可能无法避免被卷入战争，也需要研制抗生素。于是在洛克菲勒基金会的赞助下，弗洛里等人来到美国，在美国科学家的帮助下，将单位培养液中青霉素的产量提高了好几倍，但这依然无法满足实验的需要，更不要说做成药品供临床使用了。最后，弗洛里觉得应该寻找新的能够产生更多青霉素的菌种，所以他让手下的同事有事没事就去逛水果摊。

发霉的甜瓜帮了大忙

一天，一位叫玛丽·亨特的实验人员又到水果摊上去找发霉的水果，希望能够找到一种高产的菌种。她在水果摊上看到长了毛的甜瓜，上面的黄绿色霉

菌已经长到了深层，就将它带了回来。弗洛里检查了甜瓜上的绿毛，发现这是能够提炼青霉素的黄绿霉菌。这种来自甜瓜上的菌种，可以将青霉素的产量提高 200 倍。

于是，英美的科学家又在这个基础上改进菌种，最终将青霉素的产量提高了几千倍，这才完成了第一次成功的临床实验。此后美国又投入了上万名科学家和工程师，一同完成了青霉素的量产问题。至此，青霉素的发明才算完成。

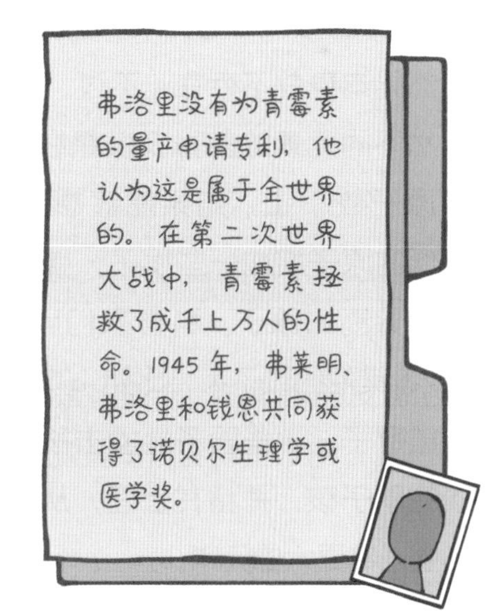

在青霉素的发明过程中，有两个偶然的惊喜，即弗莱明无意间发现青霉菌杀死了细菌，以及亨特无意间找到一个发霉的甜瓜。在这个过程中，更多的则是弗洛里、钱恩、亚伯拉罕和希特利等人所进行的成千上万次实验。

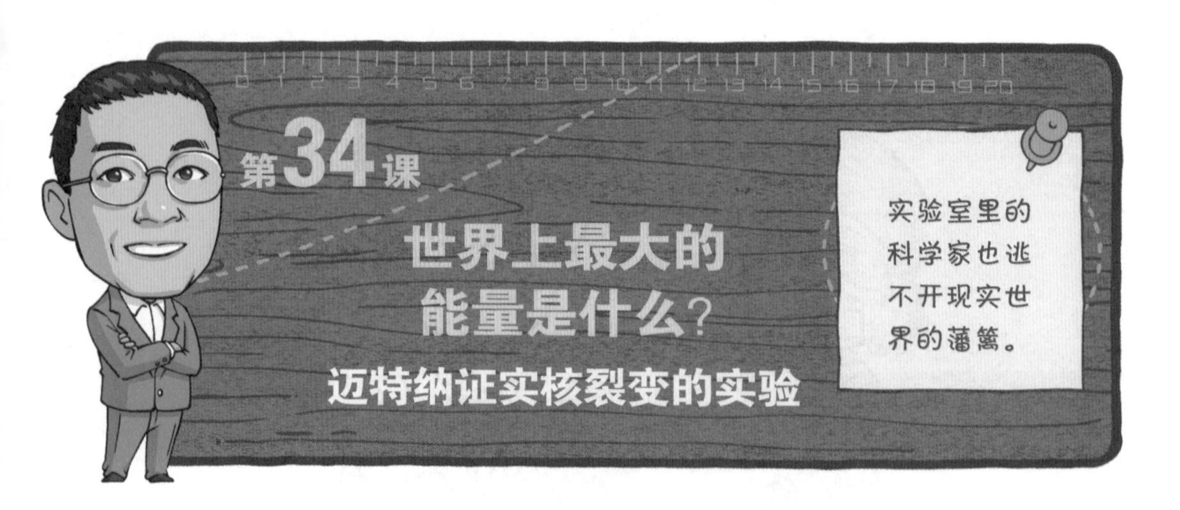

我们的世界丰富多彩，但是构成它的基本元素只有 100 多种，每一种元素有着相同的质子数，从 1 排到 119（这是现在元素的数量，以后也可能创造出新的），那么这些元素之间会不会进行转化呢？

无法重复的实验

在 20 世纪 30 年代，人类已知的质子数最高的元素是第 92 号元素铀，却一直没有找到第 93 号元素。当时人们并不知道，质子数太多的元素极不稳定，自然界本身并不存在。不过，很多科学家都想到，既然不同元素的差异仅仅是在质子数（也称为原子数）上，如果能够想办法让质子数低的原子增加一些质子，就应能得到质子数高的原子。科学家们用质子束（或者其他的粒子束，比如 α 粒子束）轰击原子，一些质子会撞击被轰击元素的原子核，并粘在上面，从而产生了质子数更大的元素。

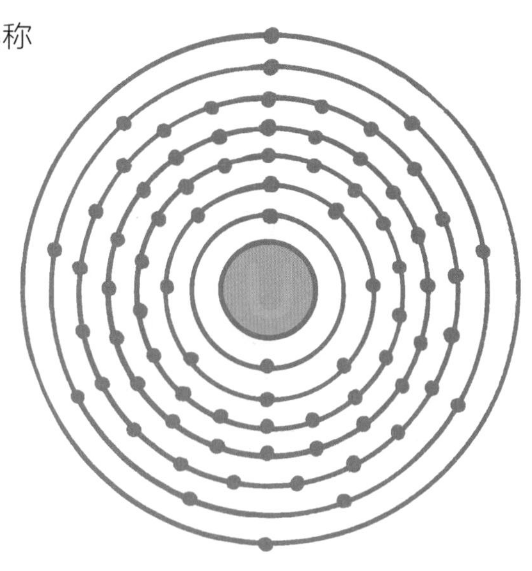

铀原子结构

在一些元素上，这样通过增加质子而得到其他元素的办法确实行得通。1934 年，费米宣布实验成功，他发现了第 93（和第 94）号元素，并且获得了 1938 年诺贝尔物理学奖。但是也有人质疑费米发现的不是新的元素。**迈特纳**和**哈恩**决定重复费米的实验。但是一年内他们做了上百次实验，却一直没能够成功，而他们回过头来对原子数较低的元素做类似的实验却能够成功。后来证明，费米发现的并不是新的第 93 号元素——镎。不过，也没人能解释为什么到了铀这里，原子数就加不上去了。

到 1938 年，哈恩和迈特纳想到了一个可能性，会不会是铀衰变成了质子数更小的一种放射性元素——镭。如果是这样，就解释了为什么得不到比铀原子数更大的元素。因此他们决定监测具有放射性的镭的存在。可是，还没等他们做实验，具有犹太血统的迈特纳就因战争原因被迫逃往瑞典，工作不得已而中止。

简单来说，原子核中包含带正电的质子和不带电的中子。质子数的多少决定着元素是什么，比如一个质子的是氢，两个质子的是氦，质子数越多，原子核质量越大。如果两个原子核的质子数相同而中子数不同，那么它们就互称为同位素。

镭是第 88 号元素，由居里夫妇发现，当时人们已经知道铀会衰变成镭。居里夫人获得了诺贝尔物理学奖，但自己也因长期接触放射性物质而染病去世。放射性是指，不稳定的原子核放出射线，进而衰变形成稳定状态，这个过程会使原子核丧失一些质量。

哈恩只得独自进行实验，但他的工作也不顺利。哈恩用一束中子流去轰击铀，连镭的影子也没看到，却探测到了很多的钡——一种原子数相对较小的非放射性元素。他寄信给迈特纳，希望她能帮自己解释其中的原因。

发现核裂变

这时正值圣诞节，迈特纳的外甥弗里施发现迈特纳正在读哈恩寄来的信，信中描述了用中子轰击铀却发现了钡这件怪事，于是他便和迈特纳一起思考。弗里施的第一反应是哈恩搞错了，因为钡原子的质量只有铀的 60% 左右。虽然当时物理学家和化学家都知道具有放射性的“大”原子会丢掉几个质子和中子衰变成“小一点”的原子，但是从来没见过一个原子一下子“小了”40%。但是迈特纳深知哈恩的化学功底深厚，绝不会犯这样的低级错误。一天，迈特纳看着窗外从房顶冰柱上滴下来的水滴，她忽然想到伽莫夫和波尔曾经提出的一种假说——“原子核并不是一个坚硬的粒子”。迈特纳想，或许原子核更像一滴水，能够一分为二变成更小的液珠。

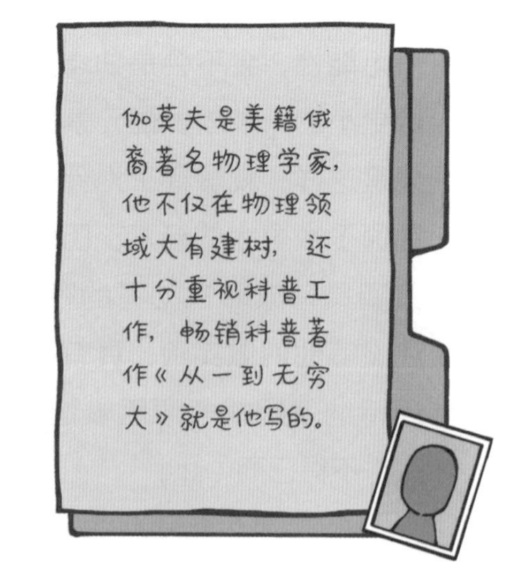

迈特纳和弗里施马上做实验，果然证实铀原子在中子的轰击下变成了两个小得多的原子“钡”和“氪”，同时还释放出了三个中子。这是个了不起的发现，基本证实了迈特纳的想法。但是当他们清点实验生成物时又发现了新的问题，钡和氪加上三个中子的质量比原来的一个中子加上铀（235U）的质量少了一点。

迈特纳是一个非常严谨的科学家，她不会放过每一个细节，因此她必须找出质量丢失的原因。这时她想到了爱因斯坦狭义相对论里面那个著名的方程 $E=Mc^2$。爱因斯坦预测质量和能量可以相互转换，莫非那些丢失的质量真的转换成了能量？她按照爱因斯坦的公式计算出丢失的质量应该产生出 200 兆电子伏特（MeV）的能量。于是她再次做实验，测到的能量真的是 200 兆电子伏特！这和爱因斯坦的预测完全吻合。迈特纳兴奋不已，就这样，她发现了核裂变。

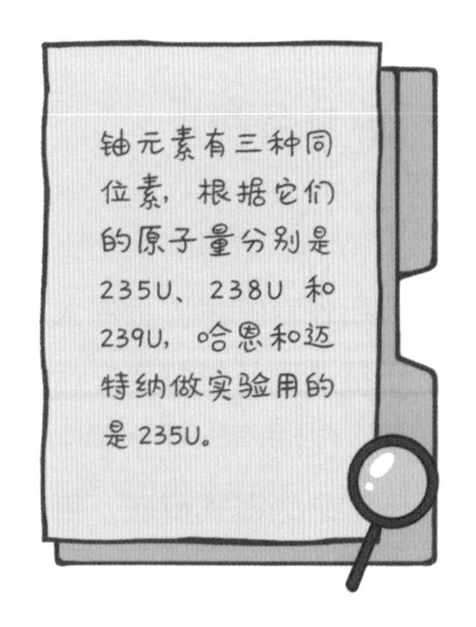

迈特纳和弗里施对哈恩的实验结果做出了理论解释，并以通讯的形式发表在 1939 年 1 月的《自然》杂志上。在这篇著名的文章里，迈特纳和弗里施一起提出了物理学上的一个新概念——**核裂变**。他们之所以用“裂变”这个词，是借用生物学中细胞分裂这个形象的比喻。这篇小论文一共只有两页纸，却有划时代的意义。

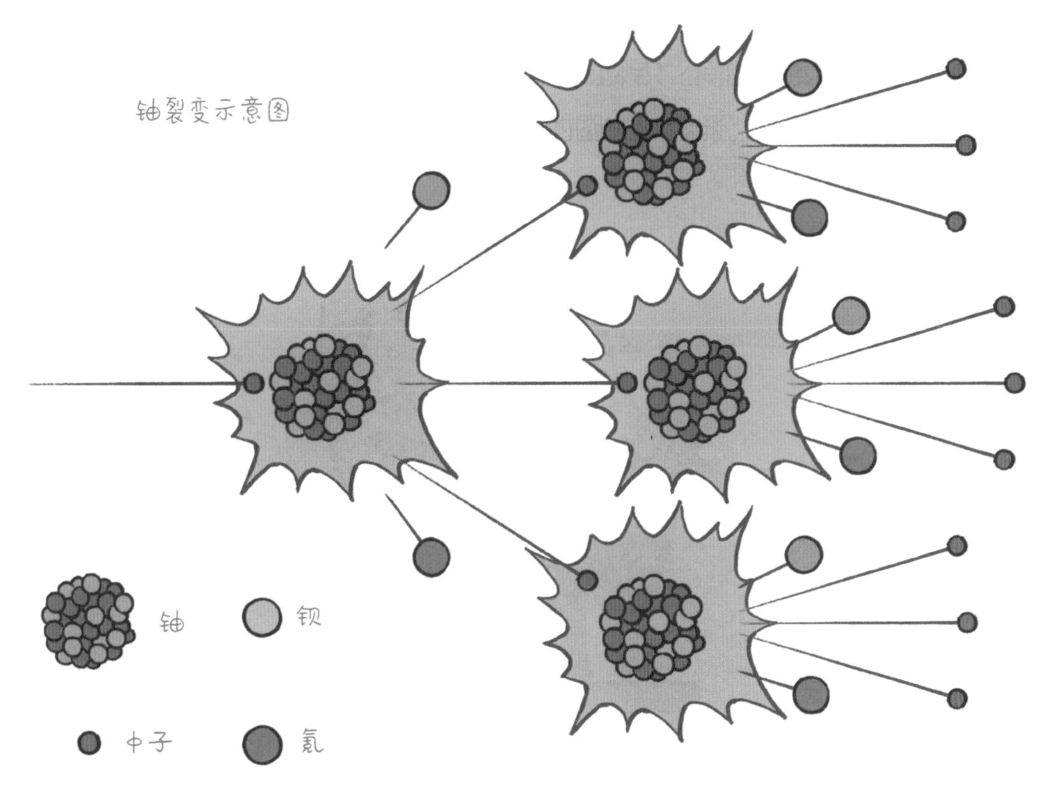

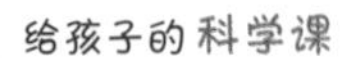

战争与和平

迈特纳和哈恩的实验不仅发现了核裂变这种物理学现象，而且找到了爱因斯坦所预言的世界上最大的能量所在，即将质量转化为能量。更重要的是，由于铀的原子核裂变之后，可以产生三个中子，这三个中子再撞击其他铀原子核，又能产生 9 个中子。这样就有可能产生一连串越来越多的反应，物理学上称之为**链式反应**。每一次核裂变反应都可以释放很多能量。链式反应一旦形成，就会释放出难以想象的巨大能量。这个能量有多大？如果 50 千克的铀只有 1 千克参加了链式反应，而这 1 千克中只有 1 克质量转换成了能量，这些能量就相当于 1.5 万吨 TNT（三硝基甲苯）所产生的能量，这大约就是后来投掷到广岛的原子弹的当量。

早在 1939 年 4 月，也就是迈特纳和弗里施的论文发表仅仅三个月后，德国就将几名世界级物理学家请到柏林，探讨制造利用铀裂变释放的巨大能量的可能性。

许多科学家都高度关注这种新的能量来源，其中利奥·西拉德觉得，有必要让美国政府立即采取应对行动。西拉德是犹太人，美籍匈牙利核物理学家。1938 年，西拉德因遭遇迫害来到美国。在得知迈特纳成功进行核裂变实验后，西拉德和另一位来自欧洲的物理学家费米马上进行了同样的实验，并且和迈特纳一样，他们测试到了铀裂变所释放的巨大能量。

西拉德起草了一封给罗斯福总统的密信，告诉总统德国人一旦制造出后来被称为“原子弹”的武器，世界将永无宁日。因此美国应该抢在德国人前面研制出这种武器。西拉德觉得自己说话的分量还不够，于是便说服了他的老师爱因斯坦在他起草的信件上签名。这封信后来转交给了罗斯福总统，在很大程度上改变了历史。

珍珠港事件爆发后，美国举全国之力研制原子弹，有 13 万人参与。在奥本海默的领导下，美国的科学家、工程师和军人仅仅用了 3 年时间就研制出了原子弹。在第二次世界大战后，原子能技术被用于和平的目的，成为今天全世界电能的来源之一。

作为最早通过实验发现核裂变现象的迈特纳，却因当时科学界对女性的歧视，未能获得诺贝尔物理学奖。发现核裂变的诺贝尔物理学奖给了她的上司哈恩。不过，后来她获得了很多奖项和荣誉，并且以她的名字命名了第 109 号元素鿏。

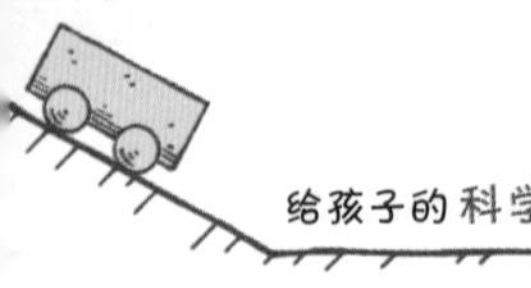

第35课 双盲实验如何打败伪医学？从“磁力疗法”到盐水实验

古埃及文明以医学水平高见长。但是，古埃及人留下的 260 多个治疗各种疾病的药方，今天经过检验，只有 1/4 的药方里面包含了有效的药物成分。这些没有有效成分的药方之所以能在古埃及被使用上千年，不可能没有疗效，但那些疗效显然是心理作用的结果，而不是有效成分带来的。

神秘的“古老配方”

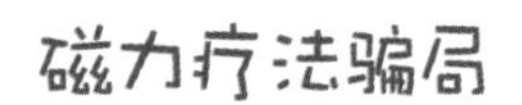

磁力疗法骗局

在科学史上，很多自然现象的因果关系很容易找到，比如气温的差异会产生空气的对流，产生风，过多的水蒸气蒸发会产生雨，太阳和地球之间的万有引力会让地球绕着太阳运转。但是，和人身体相关的很多现象，背后的原因都非常复杂，常常很难搞清楚。比如，人得了某种病，吃了某种药后好了，是因为药的疗效把病治好了，还是他吃了药以后产生的心理安慰作用激发身体的免疫力，进而战胜了疾病，抑或是其他什么原因，这就很难搞清楚了。今天，药厂在研制出一种新药后，为了检验药品的效果，就需要进行双盲实验，而双盲实验的前身是单盲实验。

世界上最著名的单盲实验是磁力疗法实验，这件事发生在1784年，主持实验的委员会中有富兰克林、拉瓦锡等著名科学家，以及后来发明了断头台的约瑟夫－伊尼亚斯·吉约坦等法国国家医学科学院院士。当时一位叫梅斯梅尔的医生声称将磁石贴在人体的不同部位可以给人治病。根据他的理论，人体内存在一种“磁液”，如果磁液的流动遭受障碍，人就会生病，因此通过从外界施加磁力，可以帮助人打通障碍，恢复磁液的流动。这种治疗方法时灵时不灵，医生们视他为骗子，连神职人员也加入揭露他的行列。但是很多受众却把他奉为神医，就连当时的王后玛丽·安托瓦内特也一度成了梅斯梅尔的支持者。一时间，支持梅斯梅尔和反对他的人在巴黎吵得不可开交，他们甚至为此散发传单和小册子。

在巨大的质疑声浪中，梅斯梅尔主动提出挑战，要与正规的医学机构一较高下。具体的较量办法是：挑选24名病人，12人交给梅斯梅尔治疗，12人交给医学院治疗；由政府派非医生出身的人到现场观看，由他们询问病人一个问题——是否感觉到了治疗的效果。但医学机构方面不同意这种比较办法，因为很容易作弊。梅斯梅尔还曾一度威胁法国王室，说自己会将那个伟大的发现带到其他国家。

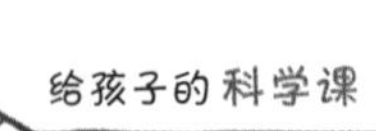

1784 年，为了搞清楚磁力疗法的有效性，法兰西科学院专门成立了一个委员会进行验证。为了显示公正，这个委员会除了前面提到的富兰克林、拉瓦锡等著名科学家，也邀请了梅斯梅尔加入。不过，这一次梅斯梅尔非常怯阵，经常以各种理由缺席。最终，经过了长达数月的各种实验，这个委员会写了一份长达百页的《国王特派专员调查动物磁性的报告》给国王。报告认为，如果告诉病人在进行磁疗，实际却没有实施磁疗，受试者也会因心理作用产生抽搐；但如果没有心理暗示带来的想象，仅靠磁疗，则什么效果也没有。于是，委员会得出的结论是："没有任何证据证明'动物磁流'的存在。这种不存在的磁流是毫无用处的。"

在被戳穿骗局后，梅斯梅尔开始运作一场敛财活动，号召"粉丝们"给自己捐款，他居然筹到了 30 余万法郎，然后跑到瑞士安度晚年，最后在 81 岁高龄去世。这当然是题外话了。

顺势疗法可行吗？

磁力疗法实验对医学界的影响重大。在此之后，西方的医生和科学家对各种药物或者治疗方法一一进行了类似的检验，他们让一部分受试者得到治疗，对另一部分人则只进行看似治疗的心理安慰。最后人们发现，过去很多所谓有疗效的治疗手段其实只不过起到了安慰剂的作用。当然，也有一些治疗真的有效。比如给 100 个人使用了某种药物，给另外 100 个人使用了看上去一样的安慰剂，前者有 50 人取得了疗效，后者只有 10 人，那么我们有很大的把握认为药物有效。如果前者只有 10 人左右取得了疗效，后者还是 10 人，我们就知道那种药物和安慰剂差不多。这种盲测也被称为单盲实验。

到 19 世纪 30 年代，人们发现盲测实验的一个问题，就是如果治疗者知道谁吃的是药，谁吃的是安慰剂，就会流露出自己的情绪，而受试者一旦通过治疗者察觉出自己得到了治疗，这种心理暗示也会让他的病情好转；反之，受试者心里就不好受，病就好不了。要想避免治疗者在无意中把实验的信息传递给受试者，就需要让治疗者也不知道他所进行的是被测试的治疗，还是安慰性治疗。比如在检测新药时，不能由药厂的人给病人发药，而是要由不知情的护士去做这件事，这时护士就是治疗者。这样，受试者和治疗者都不知情，这种实验也被称为双盲实验。

第一个双盲实验是 1835 年在德国纽伦堡进行的，因此也被称为**纽伦堡实验**。实验的起因是为了验证“顺势疗法”的有效性。顺势疗法是 1796 年由德国医生**哈内曼**提出的，简单地讲，就是将一种在健康人身上能引起症状的物质稀释后，可以用其治疗具有同样症状的疾病。哈内曼就曾以身试药，在健康的状态下服用治疗疟疾的金鸡纳，结果出现和疟疾类似的症状，说明金鸡纳可以治疗疟疾。因此他相信，若要治疗某种疾病，只要服用会导致类似症状的东西就好了。

哈内曼后来用各种物质做了人体实验，并测试不同剂量的效果，最后发明了用“稀释震荡”调制药剂的方法。这个方法就是将作为药方的物质用蒸馏水

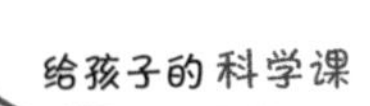

或酒精不断稀释，每次稀释 100 倍，连续做 30 次。其实这样稀释后，水中或者酒精中大概连一个药物的原子都没有了，哈内曼给病人喝的就是白水或者白酒。哈内曼还有一个理论，就是在稀释药品时要当着病人的面摇晃药瓶，摇晃得越响，效果越好。这种在今天看来不可能有疗效的做法，在当时却很流行。

第一次双盲实验

1834 年，德国纽伦堡卫生局长冯・霍芬对这种做法看不下去了。冯・霍芬也是一个医生，他认为这种治疗纯属安慰性质，那些所谓的得到治愈的病例其实都是自然痊愈，加上心理作用所致。他主张由专家进行实验评估，若顺势疗法无效，就应该由官方取缔，以免耽误患者得到有效的医治。第二年，也就是 1835 年，纽伦堡的一位顺势疗法的行医者罗伊特为了维护自己的利益，公开向冯・霍芬挑战，他愿意以 1 赔 10 的赌注，证明冯・霍芬是错的。纽伦堡一家报纸出面招募志愿者，进行公开测试。

实验的组织者依照罗伊特的指示调制出稀释了 30 次的盐水，装进 50 个瓶子，又装了 50 瓶一模一样的蒸馏水。在此之前，将 100 个瓶子贴上编号，混成一堆后随机分成两组。药剂师在记录了每个编号对应的液体种类后，将这份记录密封起来。然后再将这 100 个瓶子混成一堆，交给不知道每瓶水的成分的实验人员，再由实验人员分派给受试者。

最后一共有 54 名志愿者参加了实验，实验人员要求他们喝完后两周再回来汇报自己的感觉。两周后，有 4 人失联，因此有效的受试者只有 50 人，他们中间只有 8 人声称有特殊感觉。拆开那份记录比对后发现，其中 5 人喝的是稀释的盐水，3 人喝的是蒸馏水，而其他喝到稀释盐水的人完全没感觉。实验委员会因此断定顺势疗法的疗效只是心理作用，与药物本身毫无关系。

这次实验便是史上首次双盲实验，受试者以及和他们接触的治疗者都不知道瓶子里装的是什么。后来道尔顿提出了原子论，人们普遍接受了物质不可能无限分下去的道理，也知道稀释30次，早就没有盐分子了，顺势疗法从根儿上就被否定了。

今天，每一种药物在上市之前，都要进行双盲实验，以确认它们确实有疗效，而不只是仅有安慰效果。在一些实验中，甚至要求搜集、记录结果的人也不能知道谁服用了什么药，这也被称为“三盲实验”。靠着这种非常严格的盲测，医学才得以不断进步。

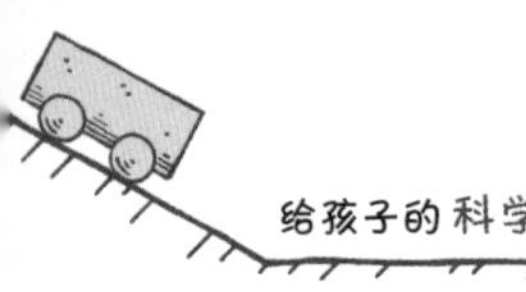

光是沿直线传播的，我们可以用镜面来反射光，使光看起来像是弯折了一样。但是，如果你能使光连续发生许多次反射，多到无数次，那光会不会看起来是弯曲的呢？

反射阳光

丁达尔全反射实验

丁达尔的实验

1870 年的一天，英国皇家学会的演讲厅内座无虚席。物理学家**丁达尔**做了一个有趣的演示。他在讲台上放了一个装满水的木桶，拔掉木桶侧面的木塞，并用光从水桶上面向水面照明。观众们都惊讶地发现，发光的水从水桶的小孔里流了出来，水流弯曲，光线也跟着弯曲。

按理说，光线是直射的，但居然被弯曲的水流俘获，沿着水的方向流走了。这究竟是为什么呢？丁达尔解释说，从表面上看，光好

像走的是曲线，但实际上光是在弯曲的水流的内表面发生了多次反射，光走过了一条曲曲折折的路线，只是在人们看来有曲线的效果。那么光为什么会在水中发生多次反射，而不是反射一次就从水中跳出去呢？丁达尔说，当光从一种折射率高的媒介射向折射率低的媒介时，比如从水中射向空气，只要入射的角度大于某个临界角，光线就无法射出高折射率的媒介，而是全部反射回去，这种反射被他称为**全反射**。

光的折射

全反射其实是光学中的斯涅尔定律，也被称为折射定律反向应用的结果。

折射率与全反射现象

当光波从一种介质传播到另一种具有不同折射率的介质时，会发生折射现象，其入射角与折射角之间的关系，可以用“折射率”来描述。我们在生活中有这样的经验，将一根笔直的筷子放入水中，它看上去像是被折断了。这就是光线折射的结果。接下来我们就来讲讲折射定律是怎么一回事。

每一种能够让光传播的媒介都有一个折射率，真空的折射率被定为 1，空气大致也是 1。几乎所有其他的媒介都大于 1，比如水的折射率是 1.33。光线从一种媒介进入另一种媒介时，一部分会被反射回来，另一部分则会折射进入另一种媒介。折射时，光线的角度会改变。

在两种媒介的分界线上，光线进入的角度被称为入射角。垂直照射时，入射角是零度。光线离开分界线的角度是折射角。

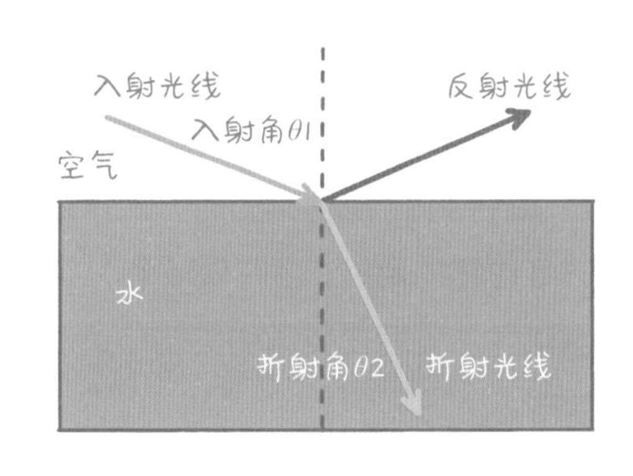

光线从空气这一类折射率较低的媒介进入水这种折射率较高的媒介

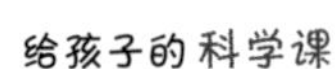

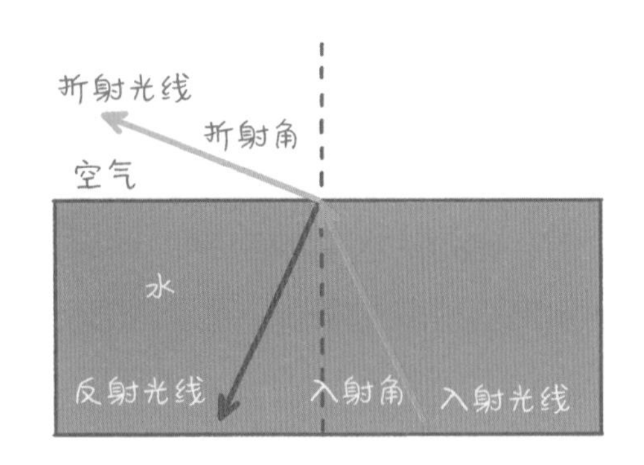

时，折射角会小于入射角。反过来，当光线从水射向空气时，折射角会大于入射角。

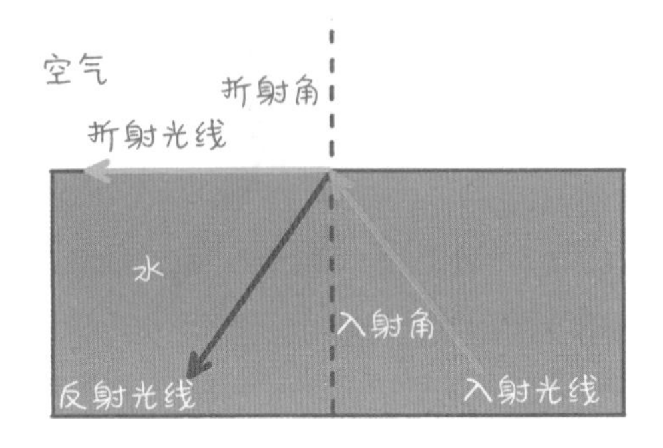

如果从水射向空气的入射角增大，在空气中折射光线的折射角也会增大，而且总是大于入射角。当入射角增大到一定程度后，折射角就变成了 90 度。

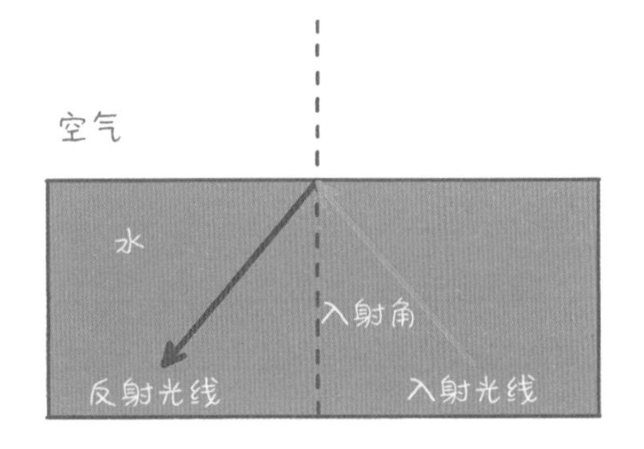

这时，如果再增加入射角，光线就无法折射到空气中了，于是全部反射回水中，如左下图所示，这种现象被称为全反射。从水到空气的折射，只要入射角大于 48.5 度，就会发生全反射。48.5 度，也被称为临界角。

48.5 度是一个很容易被满足的角度，水流中的光线射到水和空间的接触面就会一次次地被反射，曲曲折折地前进了。

从全反射实验到光纤通信

丁达尔在完成全反射实验时，大家还只是把它当作一种有趣的物理现象，没有去考虑它的用途。到 1926 年，英国发明家约翰·洛吉·贝尔德和美国发明家汉塞尔先后在英国和美国申请了用玻璃管传递图像的发明，这就是光纤的雏形。

两位科学家的设想马上引起了医学专家们的兴趣，后来他们发明了各种基于光纤的内窥镜，比如胃镜和肠镜等。这些内窥镜由许多条柔软纤细的光导纤维编织而成，每条纤维比头发还细，只有 10 ~ 15 微米，镜管外径也只有 1 厘米，病人可以不太痛苦地吞下它。由于镜身可以任意转弯，甚至可以弯 180 度，因此就可以看清病人体内各脏器的情况。

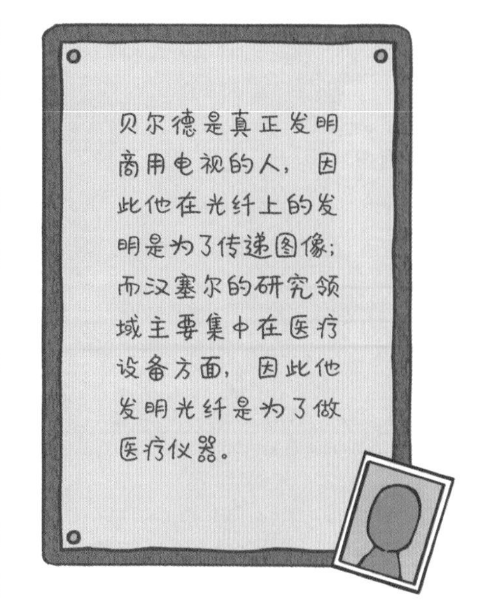

光线也是一种电磁波，既然电磁波可以传递信息，光线也可以。不过在空气中，利用光线传递信息非常困难。但如果利用光纤的全反射，让光沿着光纤走，就能传递信息了。

利用光纤进行通信的设想早就有了，但一直没有实现，因为当时玻璃的透明度不够高，光在玻璃纤维中传递不了多远，就都被玻璃吸收了。20 世纪 60 年代末，华裔科学家**高锟**意识到，通过仔细净化玻璃，可以制造出细玻璃纤维束，这些纤维束能够将信号传到足够远的距离，高锟也因此被称为“光纤之父”。1970 年，美国康宁公司制造出第一根能够用于通信的光纤。从此人类进入了光通信时代。2009 年，高锟与加拿大物理学家博伊尔、美国科学家史密斯共同获得了诺贝尔物理学奖。

双包层光纤结构原理示意图

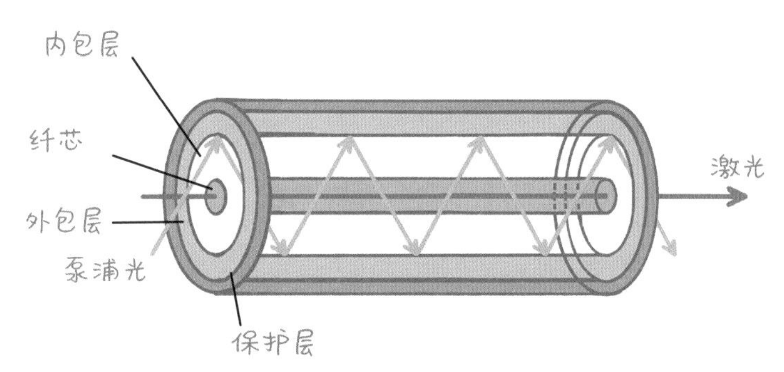

第37课 宇宙大爆炸是怎么形成的？

证实宇宙大爆炸的实验

司空见惯的现象中，隐藏着宇宙的秘密。

在19世纪，很多人认为宇宙是无限大的、静止的、均匀的，简单地讲，就是稳定的。不过，这个假设和我们观察到的宇宙是矛盾的。

宇宙有多大

奥伯斯佯谬

1823年，德国天文学家奥伯斯提出了奥伯斯佯谬。所谓佯谬就是指和观察相矛盾的现象。奥伯斯指出，如果宇宙是无限大的、静止的、均匀的，那么夜空应该每一处都有亮光，而不是漆黑一片，且只有一些地方有星光。为什么能得出这个结论呢？

这个道理并不难理解。假如我们以地球为中心，以距离 R 为半径，在太空画一个天球，这个天球上均匀地分布着一些发光的恒星，这些恒星就会给地球带来一点光亮，我们假定这些遥远的恒星带来的光亮照度为 I。假如我们再以 2R 为半径画一个天球，这个天球的表面积是第一个天球的 4 倍，上面的恒星数量也应该是第一个天球的 4 倍，不过由于发光体的照度与距离的平方成反比，因此上面每颗恒星给我们带来的光亮只有第一个天球上恒星的 1/4，但由于第二个天球上恒星的数量也正好是第一个天球的 4 倍，两相抵消，第二个天球给我们带来的光亮也是 I。以此类推，在 3R 半径的天球上，恒星带来的总亮度还是 I。由于我们假设宇宙是无限的，宇宙中离我们各个距离上全部发光体的照度总和应该是 I+I+I+…，不断加下去，最后是无穷大，因此夜晚的天空应当是无限亮的。

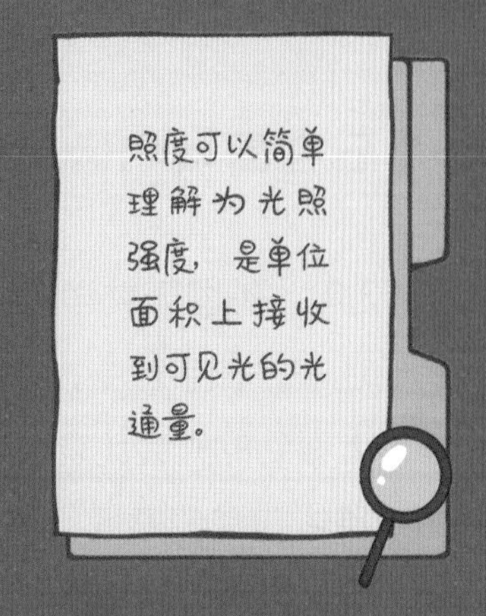

但是我们观察到的夜空显然不是这样的。对此只能有两个解释：第一，我们的宇宙不是无限大的，恒星的分布也不太均匀；第二，我们的宇宙不是静止的，很多星星在离我们而去。

层层累积的天球效果

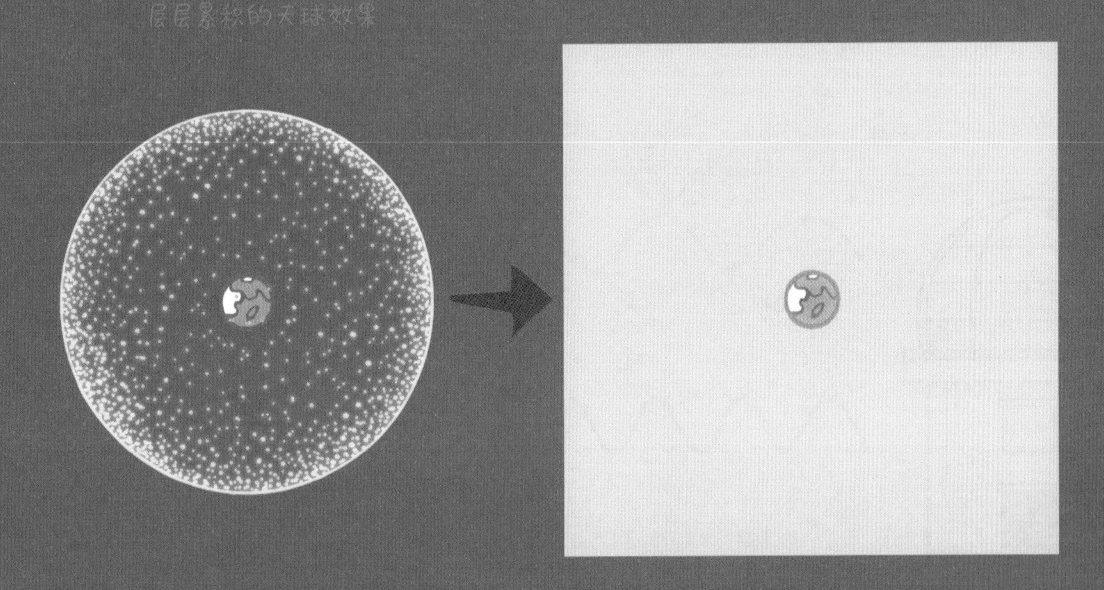

星云在离我们远去

1912 年，美国天文学家维斯托·斯里弗首次测量出一个“旋涡星云”在离我们远去。在宇宙中，如果一个星体离我们远去，根据多普勒效应，我们在地球上看到的光会比它所发出的光显得红一些，这种现象被称为红移；相反，如果星体向我们靠近，我们看到的光会比它实际发出的光偏蓝，也被称为蓝移。不久之后，斯里弗又证实绝大多数类似的星云都在离我们而去。

几乎同时，爱因斯坦提出了广义相对论，这个理论和当时的静态宇宙模型是矛盾的。1927 年，比利时天文学家乔治·勒梅特利用爱因斯坦的理论，计算出宇宙应该正在不断膨胀。1929 年，美国天文学家埃德温·哈勃发现，距离银河系越远的星系远离我们的速度越快。

既然宇宙从现在往后是不断膨胀的，那么如果我们把时间倒回去，它显然应该比现在小。如果我们把时间不停地往回倒，宇宙就该缩小成一个体积无限小的点。从这个思路出发，勒梅特和乔治·伽莫夫就提出了大爆炸理论。根据这个理论，宇宙始于一个温度近乎无穷大、没

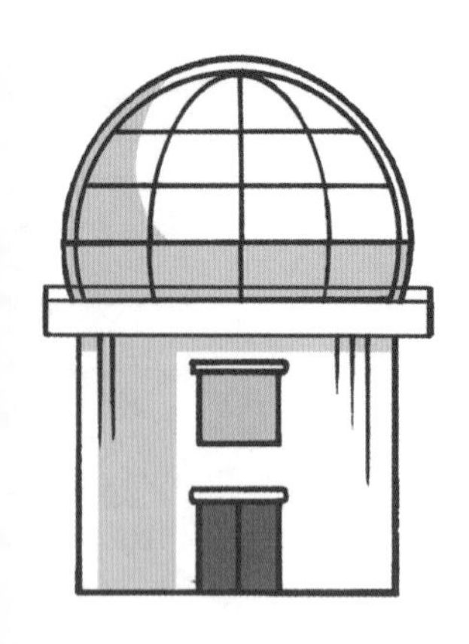

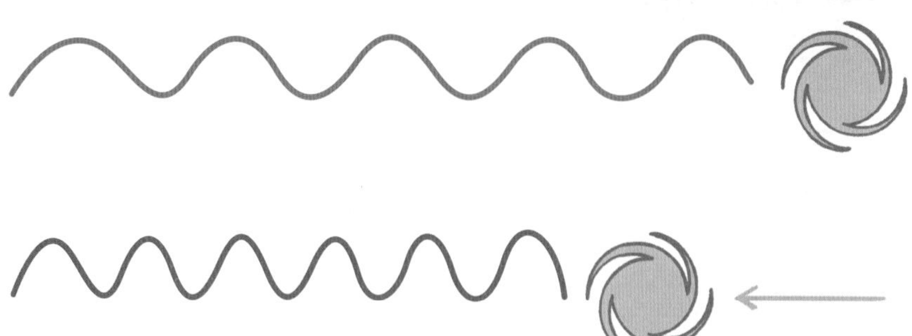

维斯托·斯里弗的观测结果

有体积的质点。在大约 138 亿年前 (前后误差 3700 万年)，发生了大爆炸，从此诞生了我们的宇宙。

在宇宙大爆炸的前半个小时内发生了很多事情。今天物理学的基本定律在这个宇宙中都成立了，宇宙中的主要成分氢原子和氦原子都已经产生完毕。这时宇宙温度还很高，但是比大爆炸时降低了很多；这时的宇宙密度还很大，因此即使是光线也射不出去。在大爆炸的几小时后，宇宙中才射出第一束光。宇宙降温和膨胀的过程大约持续了 70 万年。

整体膨胀与局部收缩

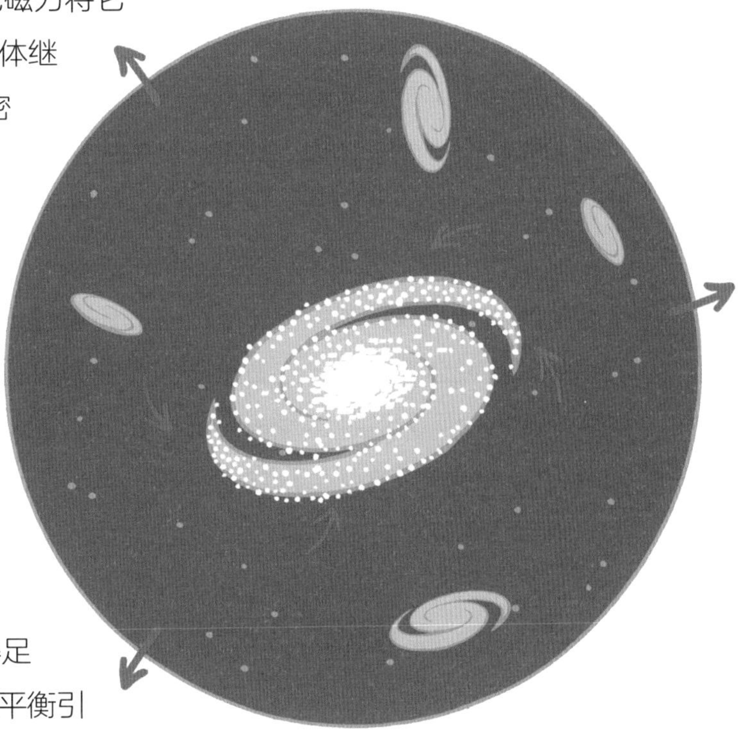

当温度降低到几千摄氏度时，电子和原子核的运动变慢了，它们之间的电磁力将它们结合成原子。虽然宇宙整体继续膨胀冷却，但是在局部密度较高的区域，会由于万有引力停止膨胀并开始坍缩，这就形成了原始的星云。随后，当坍缩的区域变得更小时，它会自转得更快，这就像花样滑冰运动员在旋转时只要收起双臂就能更快地转动一样。最终，当这团物质的区域变得足够小时，自转的速度就足以平衡引力的吸引，碟状的旋转星系就以这种方式诞生了。在星系中，一些密度较高的地区进一步坍缩形成了质量、温度很高，压强很大的星体，它们开始产生核聚变反应，变成发光的恒星。而在宇宙中物质密度很低的地方，自然就形成不了恒星，那里就是一片黑暗，而且很冷。

不过，宇宙大爆炸时能量是向四周均匀扩散的，冷却到今天，也应该剩一些热量。这些残存的热量，会产生非常弱的热辐射，也被称为微波辐射，在宇宙的任何一个方向都有。根据伽莫夫等人的推算，这种宇宙中残存的热辐射，相当于绝对温度 3K（约 -270℃）的物体发出的辐射。如果我们能够证实宇宙中存在 3K 背景辐射，就有力地支持了宇宙大爆炸的学说。但如何检测如此低温的辐射呢?

宇宙3K背景辐射

人类最初检测到 3K 背景辐射是因为一次无意的发现。1964 年，贝尔实验室的科学家阿诺·彭齐亚斯和罗伯特·威尔逊在该实验室位于新泽西州霍姆德尔研究中心附近的一座山上建了一个喇叭口形状的雷达，用来接收卫星的信号。他们在实验中发现，无论将雷达往哪个方向转动，都会收到一种噪声信号，这个信号是一种频率较低（ 4080 兆赫 ），波长为 7.35cm 的微波。这个波段的微波和极低温度物体所产生的热辐射一致。一开始他们觉得这可能和地球公转或自转有关，或者是周围其他信号感染所致。但他们很快排除了这种可能性，因为这种信号每天都一样，即便大家加班的周日也有，也没有季节变化。接下来这两个科学家猜想，可能是天线系统本身出了问题。于是他们对天线进行了彻底检查，清除了天线上的鸽子窝和鸟粪，然而噪声仍然存在。由于这个频率的电磁波和 4K 物体所发射的辐射频率相似，接近于科学家们预言的 3K 背景辐射，于是他们提出一个大胆的结论，这个噪声信号来自全宇宙的各个方向，是人们正在寻找的宇宙背景辐射。

几乎就在同时，普林斯顿大学的一组科学家们也发现他们的无线电测量仪上多了一个 3.5K 热辐射的天线噪声。在和贝尔实验室的同行进行了电话讨论后，他们兴奋地说：“伙计们，我们找到了（ 宇宙背景辐射 ）！”

1965 年，彭齐亚斯和威尔逊在《天体物理学报》上发表了一篇只有两页纸的论文——《在 4080 兆赫上额外天线温度的测量》。与此同时，普林斯顿大学的科学家们也在同一份杂志上发表了类似的发现。这件事随即引起了物理学界和天文学家的关注，因为这是证实宇宙大爆炸学说最重要的证据。1978 年，彭齐亚斯和威尔逊因此获得了诺贝尔物理学奖，但遗憾的是，提出宇宙大爆炸理论的勒梅特和伽莫夫这时已经过世，因此无缘诺贝尔物理学奖。

3K 背景辐射实验的发现，看似有很多偶然性，但这其实和彭齐亚斯、威尔逊等人的知识背景和科学素养有关。大部分人遇到这种微弱的噪声都会忽略，或者找不到原因胡乱解释。事实上，宇宙中的 3K 背景辐射随处可见，早期使用天线的电视机如果转到一个没有播出信号的台时，就会看到很多雪花噪声，这里面就有 3K 背景辐射，但是几乎没人会去分析它们。彭齐亚斯、威尔逊等人没有放弃寻找原因，并且找对了原因，这看似巧合，其实里面蕴含了合理性。很多重大的科学发现，就是在这看似无意之间获得的。

微波天线

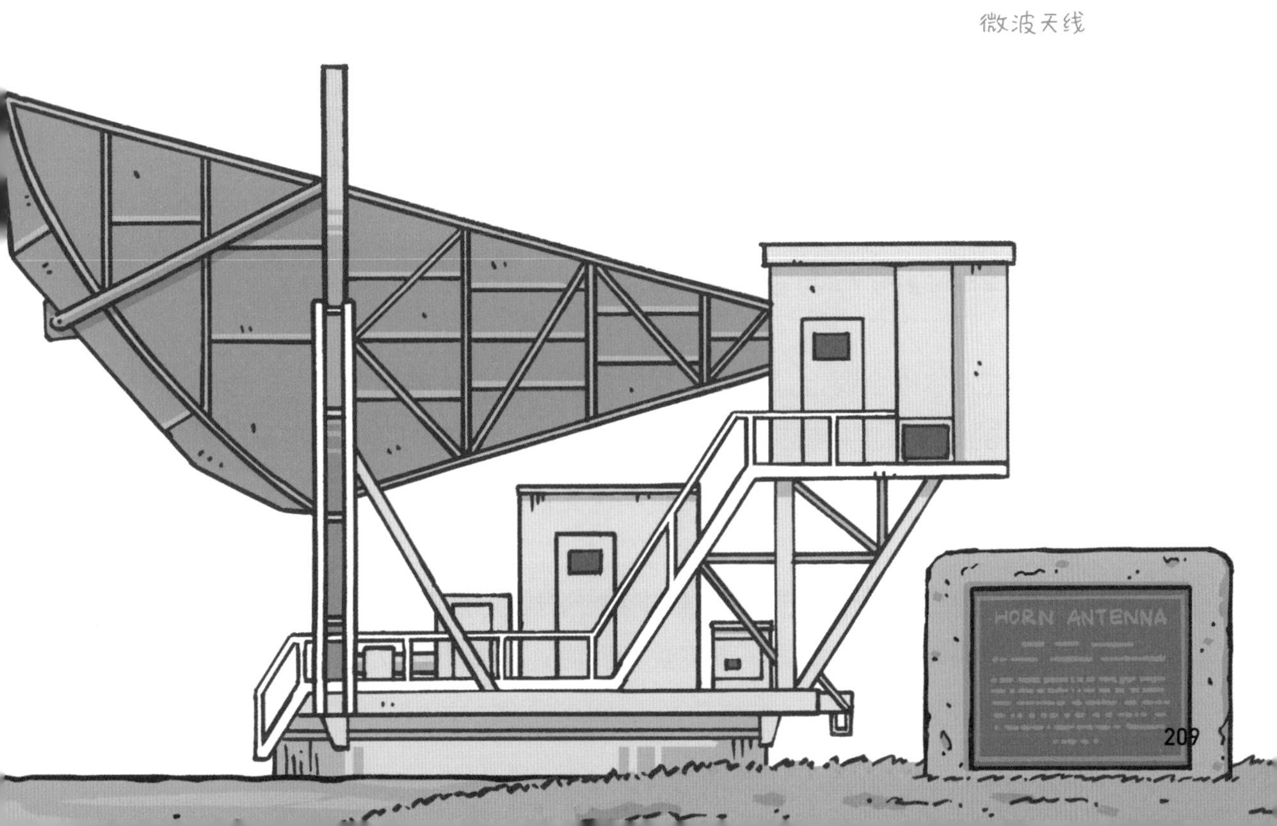

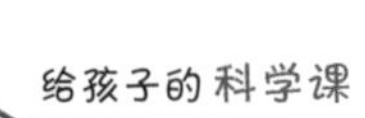

人们既痴迷于浩瀚无穷的宇宙，也一直希望弄清构成世界最基本的粒子。卢瑟福通过金箔实验，发现在原子的内部存在原子核和围绕它们运动的电子，并且进一步发现原子核内部存在带正电的质子。到了 1920 年，科学家发现了元素的同位素，即一些具有同样电子数的元素，质量却不同。这说明在原子核内，除了有质子，还应该有一些不带电的基本粒子。

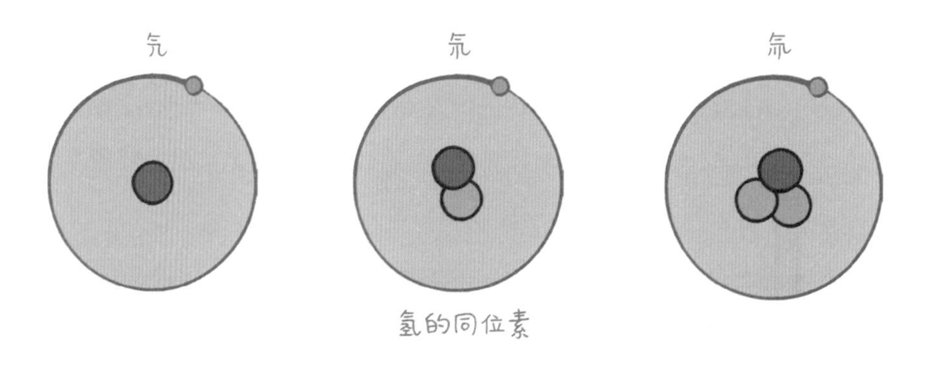

氢的同位素

无法解释的强核力与弱核力现象

1933 年，在索尔维会议上，英国科学家詹姆斯·查德威克做了关于原子核内存在中子的报告。查德威克发现原子核内存在着质量和质子差不多却不带电荷的粒子，由于不带电荷，因此被称为**中子**。

在接下来的 20 多年里，人类对于基本粒子的认识没有本质上的进步。到 1964 年，美国物理学家默里·盖尔曼和乔治·茨威格独立提出了夸克的理论。他们认为，质子和中子是由更小的基本粒子构成的。这种更小的粒子后来被称为“**夸克**”。为什么他们会提出这种想法呢？因为他们发现用当时的原子核理论解释不了物理学上的强核力和弱核力现象。

所谓强核力，就是指原子核内部，质子和中子之间的相互作用力，它使得这些粒子能够相互吸引形成原子核。原子核内的质子都带正电荷，根据电荷同性相斥的原理，原子核内的质子应该相互排斥，让它们分崩离析，但为什么它们能够紧密地结合在一起呢？这说明在原子核内还有一种特殊的作用力，让带有正电荷的质子“粘”在了一起，这种作用力就被称为强核力。

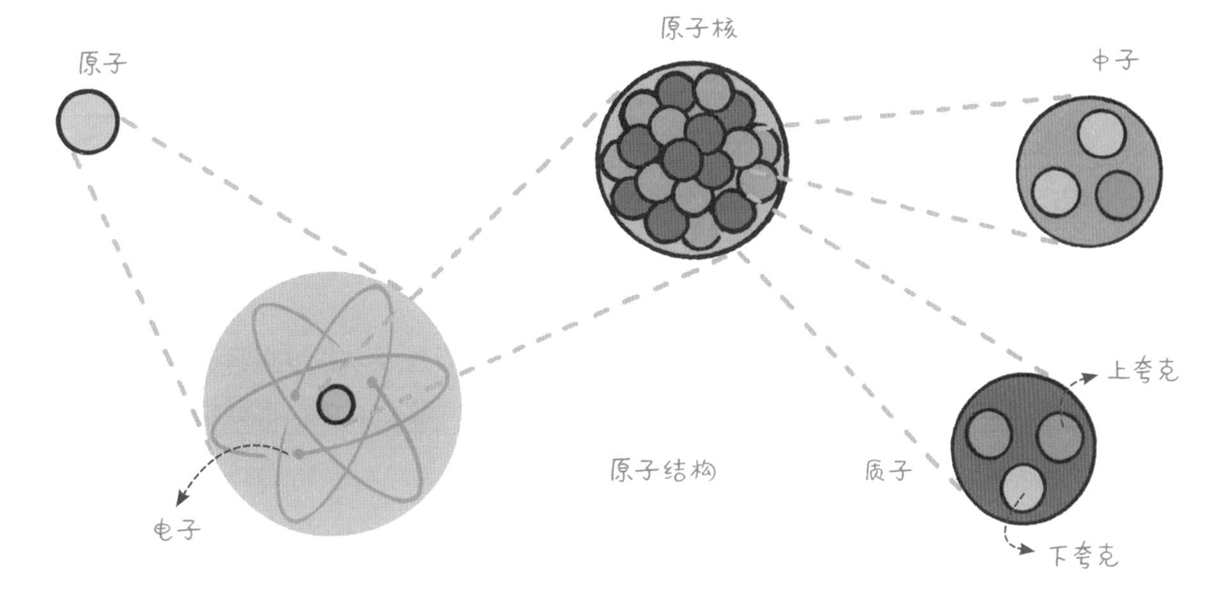

所谓弱核力，也是存在于原子核内部的一种作用力。如果只有强核力，没有弱核力，无论多大的原子核都应该是非常稳定的。但受到弱核力的作用，较大的原子核，比如铀原子的原子核会裂变为较小的原子核。

强核力和弱核力与万有引力和电磁力完全不同，它不可能发生在当时已知的任何基本粒子，比如质子、中子和电子之间，这说明质子和中子应该是可分的。

盖尔曼和茨威格认为，质子和中子都不是基本粒子，它们是由更小的夸克组成的，包括上夸克，它带有 2/3 个正电荷；另一种夸克叫作下夸克，它带有 1/3 个负电荷。

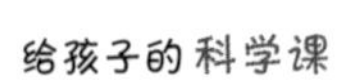

两个上夸克和一个下夸克就构成一个质子，它正好带有 1 个正电荷；而两个下夸克和一个上夸克的电荷正好抵消了，它们构成一个不带电的中子。

电子轰击实验

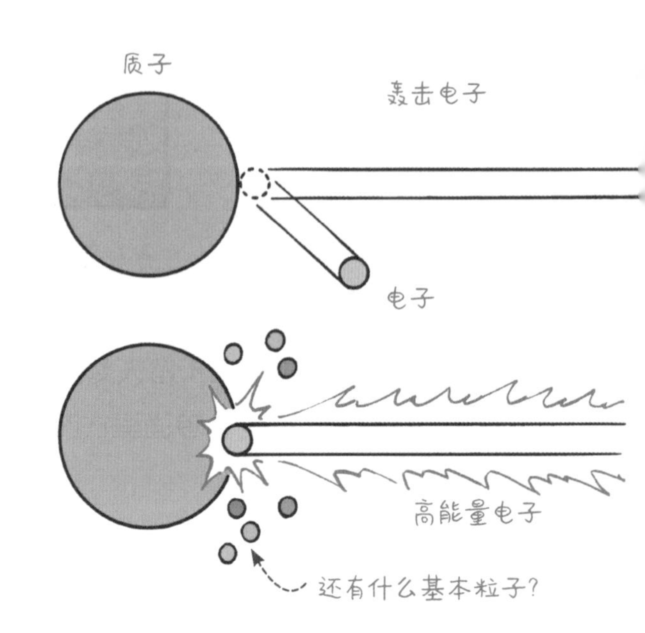

当时科学家们还发现了质子和中子之外的其他一些基本粒子，比如介子。介子的存在时间通常都很短，它们在电磁力或者强核力和弱核力之间充当中介作用，但它们确实存在。为了让夸克的理论能够解释介子的工作原理，盖尔曼和茨威格又构想出一种被他们称为奇异夸克的基本粒子。

盖尔曼和茨威格的理论在逻辑上是能够自洽的，但是难以通过实验证实。历史上，卢瑟福使用的 α 粒子是由两个质子、两个中子构成的。而要想敲开质子或者中子，就需要使用更小的粒子轰击它们。

于是科学家们想到了电子。但电子太小了，打到质子或者中子上，就相当于用自行车轴里的小钢珠去撞击一个铅球，显然不太可能撞开，而会被弹开。

1968 年，斯坦福直线加速器中心（简称 SLAC，2008 年改名为 SLAC 国家加速器实验室）开发出深度非弹性散射实验。斯坦福直线加速器有 3 千米长，可以将电子加速到光速的 1%。这样高速运动的电子具有很高的能量（25 兆电子伏特），它们打到质子或者中子上，才能够把后者撞开。

在实验中，电子撞在质子上，产生出比质子小得多的点状物，这说明质子并非最基本粒子。当时物理学家们只是笼统地称呼它们为“部分子”。

“夸克”家族

随着实验深入进行，SLAC 最后确认所观测到的粒子就是上夸克和下夸克，并且间接地证实了奇异夸克的存在。

不过盖尔曼和茨威格夸克模型并不完美，还有一些已知的粒子无法用上夸克、下夸克和奇异夸克构成，于是又增加了粲夸克。1974 年 11 月，SLAC 的伯顿・里克特等人，和布鲁克海文国家实验室的丁肇中等人同时发现了一个被他们称为 J/ψ 介子的粒子，它由一个粲夸克和一个反粲夸克组成，从而证实了粲夸克的存在。这件事被称为物理学历史上的“十一月革命”，从此夸克的理论彻底站住了脚。

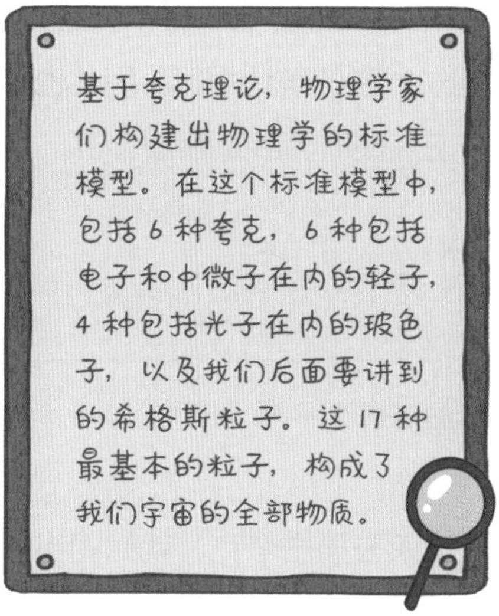
基于夸克理论，物理学家们构建出物理学的标准模型。在这个标准模型中，包括6种夸克，6种包括电子和中微子在内的轻子，4种包括光子在内的玻色子，以及我们后面要讲到的希格斯粒子。这17种最基本的粒子，构成了我们宇宙的全部物质。

粒子物理标准模型

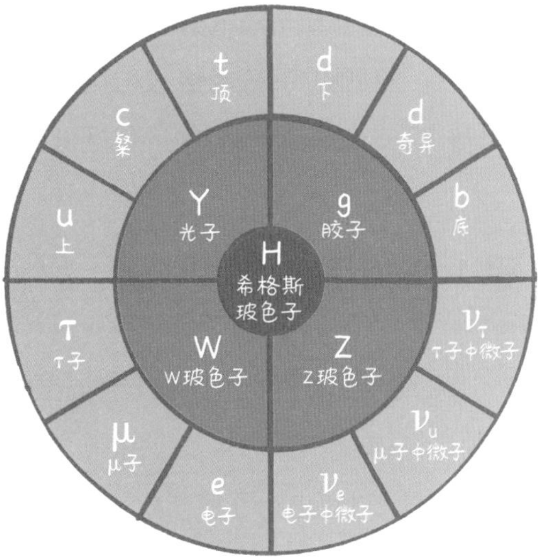
t
顶
d
下
d
奇异
c
粲
b
底
u
上
Y
光子
g
胶子
H
希格斯玻色子
τ
τ子
W
W玻色子
Z
Z玻色子
ν_τ
τ子中微子
μ
μ子
ν_μ
μ子中微子
e
电子
ν_e
电子中微子

1973 年，日本科学家小林诚和益川敏英又指出还应该存在两种夸克，才能让物理学的标准模型圆满。这两种夸克后来被称为底夸克和顶夸克，也先后得到了证实。

物理学发展到亚原子层次的时候，已经很难通过简单的方法来验证其理论了。这时有效的实验方法就是建造大型的加速器，产生高能量的粒子，轰击目标粒子，或者让两束高能粒子对撞，看看能够产生什么新东西。因此在过去的半个多世纪里，世界上很多发达国家都在建造各种大型加速器。

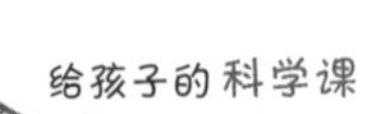

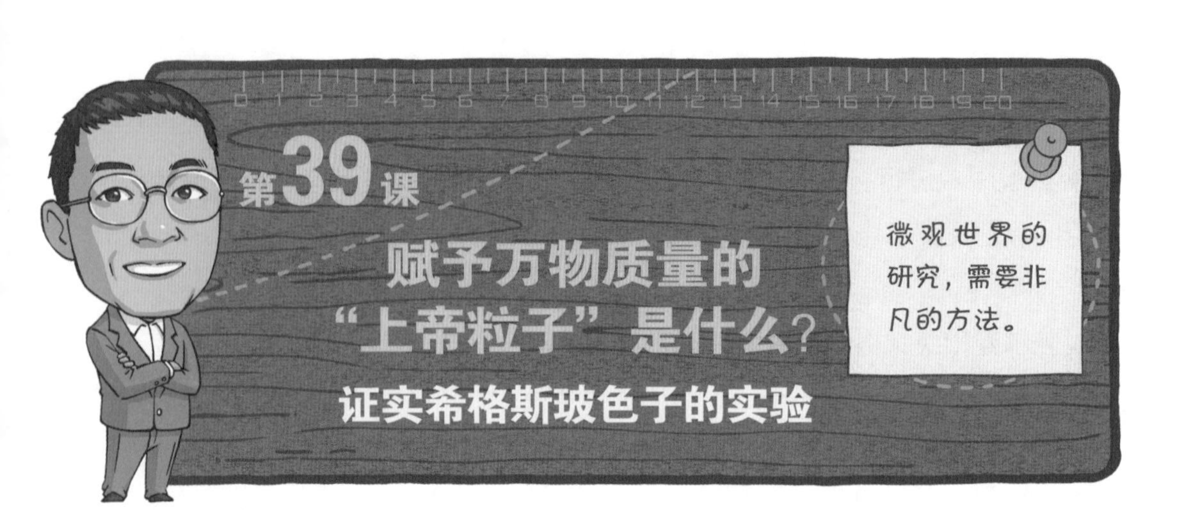

在二战后，物理学领域最大的成就就是发现夸克以及物理学标准模型的建立。在标准模型中，有 6 个基本的夸克粒子和 6 个轻子。夸克是构成质子和中子等较重粒子的基本单元，轻子是像光子和中微子那样不参加强核力作用等较轻的粒子。这 12 个粒子符合费米和狄拉克提出的量子力学的统计规律，因此也被称为费米子。在标准模型中还包括 4 个玻色子，它们的作用我们后面会讲。

更小的物质单元

12 个基本的费米子能否再被分割成更小的物质单元呢？

物理学家们对此进行了实验，他们通过高能粒子束去撞击夸克，就如同当年卢瑟福用粒子束轰击原子核一样。但是他们发现夸克中空无一物，它只不过是自旋的纯能量，和光子一样。夸克所体现出的质量只是能量在特定形式下的一种表现。这个发现既让人们感到吃惊，也合情合理。如果我们回顾一下爱因斯坦所提出的质能方程 $E=Mc^2$，就知道质量和能量是可以互相转化的。更重要的是，能量才是宇宙的本源，质量只是它的表现形式。如果我们再回顾一下宇宙大爆炸的理论，就会发现，所谓的大爆炸无非是能量不断转化为质量的过程。在大爆炸之初，宇宙只是一个没有体积，温度近乎无限高的质点。也就是说，当时的宇宙是纯能量的，并没有物质。而后来能量转化为物质，形成了宇宙中的基本粒子。

质量即能量

质量　能量

既然物质和能量是一回事，质量和能量可以相互转化，研究基本粒子的科学家们就开始使用能量的单位来衡量质量。比如我们知道中子的质量是 1.675×10^{-27} 千克，但是研究基本粒子的物理学家们会说它是 940 兆电子伏特（MeV）。用电子伏特这个能量单位衡量粒子质量的好处是，在做高能物理实验时，我们容易搞清楚需要多少能量才能把相应的基本粒子撞开，也才能通过消耗了多少能量算出获得了多少质量的基本粒子。

如果构成基本粒子的是能量，那么它们为什么有质量、有体积、有形状呢？另外，上述 12 种费米子的质量各不相同，从质量最轻的电子、中微子到质量最重的顶夸克，相差 11 个数量级，也就是 100 亿倍之多。这些质量来自何方，为什么又如此千差万别？苏格兰爱丁堡大学的物理学家彼得·希格斯和其他几位物理学家提出了一个假说，很好地解释了这个问题。

神奇的玻色子

20 世纪 60 年代初，希格斯提出了一个假设——宇宙中存在一种特殊的场，如同一种胶把这些存储能量的东西固定在一起，它赋予了我们宇宙基本粒子的质量、体积和形状。虽然场这种东西看不见，摸不着，但是它实实在在地存在。这种场后来被称为希格斯场。在物理学中，每一个场对应于一种作用力，比如电磁场对应电磁力。在希格斯场被证实之前，物理学家们发现了宇宙中只有四种场，即：

1 重力场，对应我们说的重力或者万有引力。

电磁场，对应电磁力，它是各种电磁辐射的来源。一方面，我们要靠它传递无线电信息，而且要靠地球的电磁场挡住射向我们的强烈宇宙射线；另一方面，如果我们身边有太强的电磁场，会伤害我们的身体。

3 强核力场，对应原子核中的强核力。我们在前面讲了，强核力让原子核中的质子不会因为电磁力互相排斥，否则我们的宇宙就会被电磁力炸得灰飞烟灭。

4 弱核力场，对应弱核力，它和原子的裂变和放射性有关。

这四种场，都对应一种粒子，一般称为**玻色子**，比如电磁场对应的玻色子是光子，强核力场对应胶子，弱核力场对应 W 玻色子和 Z 玻色子。因此，标准模型就加入了这四种玻色子。那么，假说中的希格斯场，也应该对应一种粒子，物理学家们称之为希格斯玻色子或者希格斯粒子。

希格斯的理论简单而漂亮，很好地解释了我们宇宙构成的原理，但是要证明它是正确的，就非常困难了。当时欧洲的物理学杂志就因为缺少数据支持拒绝发表他的论文，于是他只好寻求在美国发布。1964年，美国的《物理评论快报》发表了他的论文，他的理论和那篇只有两页纸的论文引起了物理学界的轰动。在两个月前，比利时物理学家恩格勒特也发表了类似的论文。他们二人的工作是独立进行的，希格斯的

理论成形更早，因此这个理论以他的名字命名了。而恩格勒特发表得稍早一些，后来他们分享了诺贝尔物理学奖。

那么，场这个东西看不见，摸不着，怎么证实？好在场总是和粒子相对应，只要证明了希格斯玻色子的存在，就能证明希格斯场的存在，很多宇宙奥秘就能揭开。

最昂贵的实验

如何找到这个粒子呢？还得靠高能强子（质子）束对撞，且恰恰要利用希格斯玻色子存在时间非常短的特性。这种玻色子一旦被撞出来，就可能会衰变成两个光子。根据希格斯玻色子的质量，能够推算出这两个光子的能量，而光子的能量是由它的频率决定的。因此，如果在实验结果所产生的光学频谱上，找到对应希格斯玻色子质量的光学频谱，就说明希格斯玻色子存在。希格斯玻色子也可能衰变成四个轻子，这四个轻子也同样是可以接收到的。这就是后来发现了希格斯玻色子的 ATLAS（超环面仪器）和 CMS（紧凑缪子线圈）实验的设计原理。

在进行实验之前，需要事先估算出希格斯玻色子的质量，这样物理学家才知道在什么样的频率范围寻找对应的光学频谱。物理学家们事先估算出希格斯玻色子的质量在 125GeV（吉电子伏特）附近，也就是说，希格斯玻色子的质量是质子的 100 多倍。要撞出这么大的粒子，就需要一个相当巨大的强子对撞机。

美国的实验是在芝加哥大学所属的费米国家加速器实验室进行的，它的强子对撞机 CDF 是一个周长达 10 千米的回旋加速器，建于 20 世纪 80 年代，但是在 1989 年和 2001 年进行了两次升级。在欧洲核子研究组织（简称 CERN）的大型强子对撞机建成以前，CDF 是世界上最大的强子对撞机。在

这里，曾经发现过质量高达 175GeV 的顶夸克粒子。2004 年，寻找希格斯粒子的实验在费米国家加速器实验室进行，经过 6 个月的实验，科学家们没有找到希格斯粒子。但是大家普遍相信，这是由于这里的加速器还不够大，产生的粒子束能量不够高。因此，全世界都把希望寄托在 CERN 上。

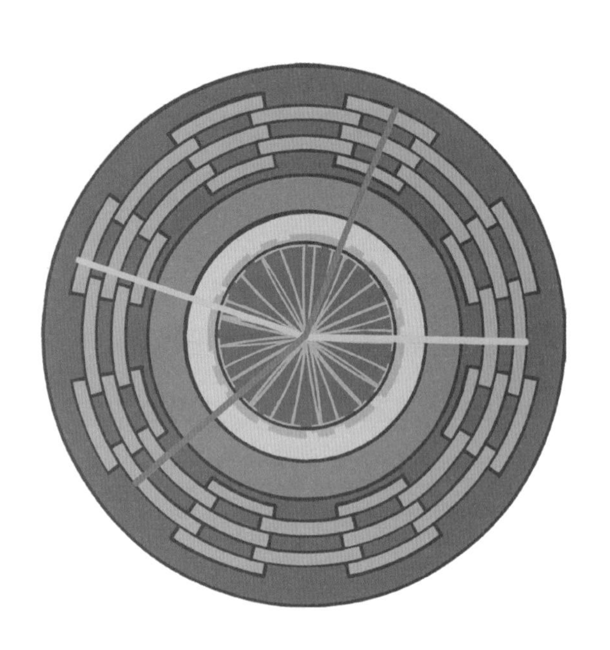

为了找到希格斯粒子，CERN 设计了两个实验，代号分别为 ATLAS 和 CMS，它们的实验原理基本相同。当两个质子在大型强子对撞机探测器的中心对撞时，它们携带的能量会变成朝各个方向四散奔逃的大量粒子。这些探测器的任务就是收集这些产生出来的基本粒子，使得它们减速，并根

ATLAS 实验接收装置。两束高能粒子对撞后，产生新的粒子，四周环形的探测器收集所需要的数据。

ATLAS 和 CMS 或许是人类历史上规模最大、投入人力和资金最多的科学实验。《福布斯》杂志披露，这两项实验的成本约为 132.5 亿美元。两项实验的数据处理工作非常繁重，需要通过图像处理和数据处理软件来实现。每年为了处理这些数据的计算机成本就接近 3 亿美元。

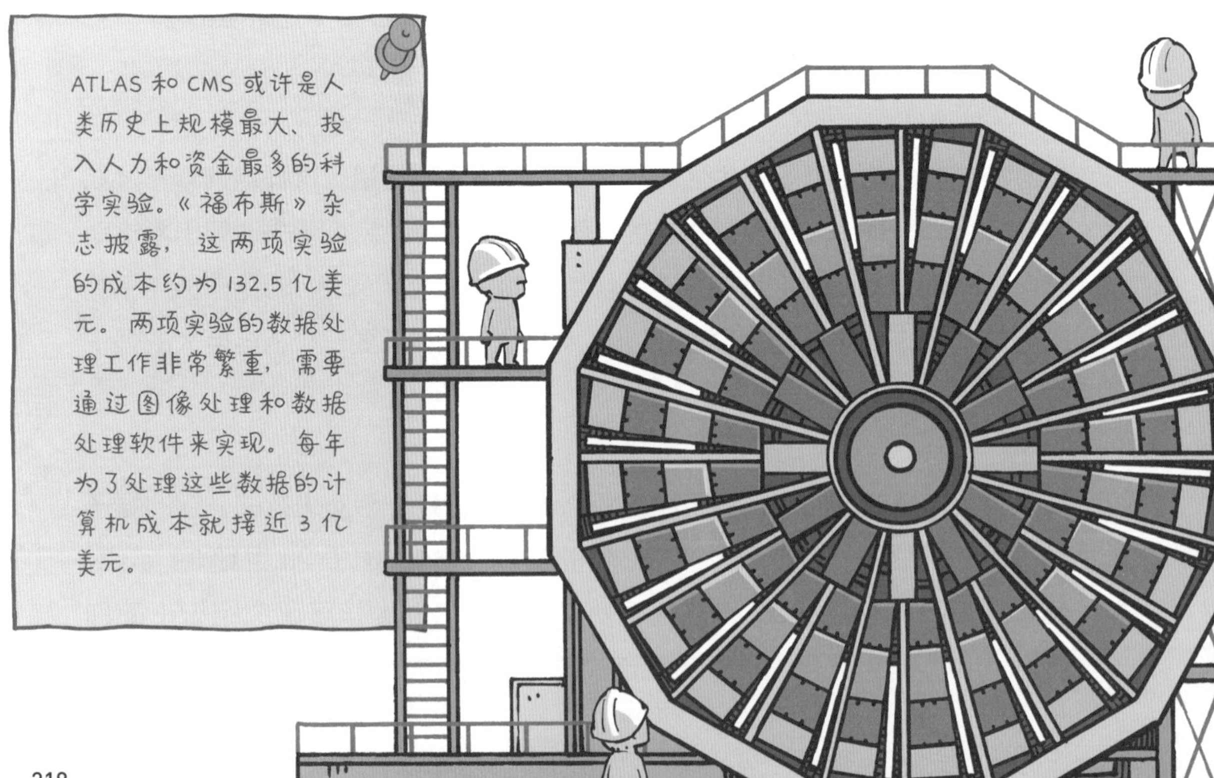

据能量分辨这些碰撞产生的粒子。唯一的区别在于 ATLAS 的探测器填充着液氩，而 CMS 采用钨酸铅晶体。

2012 年 6 月，ATLAS 实验获得成功，实验结果和预想的完全一致，无论是通过对光子的观测，还是对轻子的观测，都在 125GeV 的位置发现了科学家们所期待的“鼓包”。希格斯粒子被发现了。CERN 没有马上宣布这个消息——他们需要确认这不是噪声，虽然出现噪声的概率只有 1/3500000。2012 年 7 月 4 日，在对实验结果进行了反复确认后，他们向全世界宣布了这一结果。几乎同时 CMS 实验也获得了同样的结论。至此，人类算是破解了我们宇宙物质构成之谜。

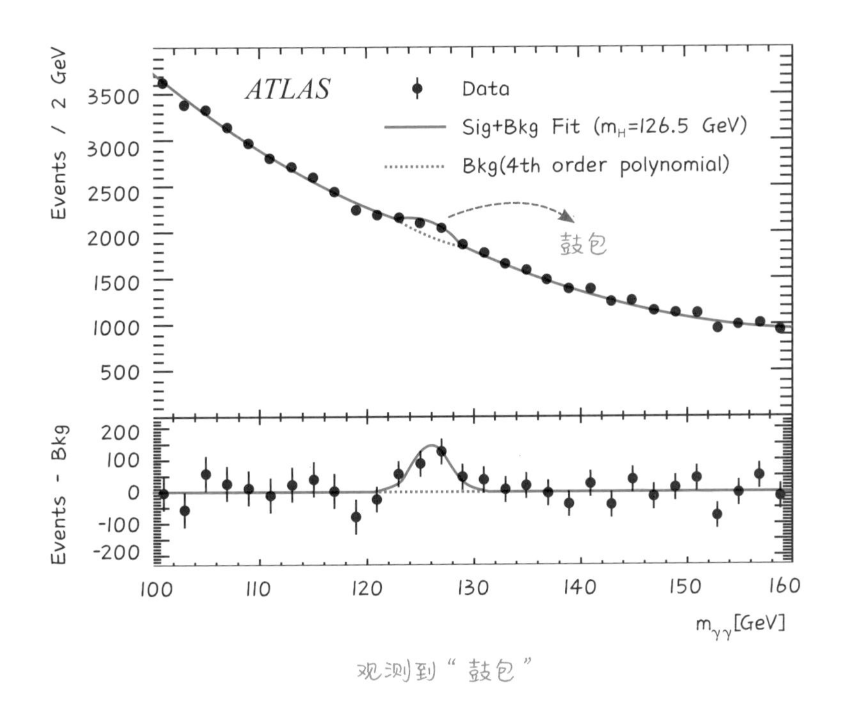

观测到“鼓包”

消息传出，著名物理学家霍金博士向他的同胞、当时已经 83 岁高龄的希格斯教授表示祝贺，并且付了 30 年前和希格斯为此打赌输掉的 10 英镑。2013 年，希格斯和恩格勒特共同获得了诺贝尔物理学奖。

希格斯玻色子的发现，完善了宇宙的微观结构的标准模型，同时揭开了物质和质量来源之谜。

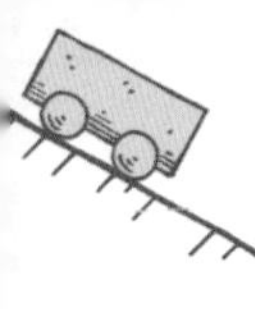

第40课 如何“听到”宇宙天体的变化？

证实引力场的实验

科学是人类智慧的结晶，有无数科学家倾其一生，都是为了离世界的奥秘更近一步。当阅读到这里的时候，你应该早已发现，物理学发展到现代，所研究的物理现象早就不再是生活中耳熟能详的内容，这些物理法则已然存在于浩瀚幽深的宇宙深处，实验所涉及的现象却又藏在微末之间。见微知著，正是科学实验的魅力所在。

宇宙的奥妙

从分类到统一

人类在 20 世纪认识到宇宙中的四种作用力：**引力**、**电磁力**、**强核力**和**弱核力**，它们各不相同，但是又存在一些相似性，人们试图将它们统一起来。最初，爱因斯坦提出了统一场论的假想，并且在后半生一直聚焦于这个研究领域，但是在其有生之年，爱因斯坦并没有取得实质性成果。20 世纪 50 年代，著名华裔物理学家**杨振宁**和他的学生**米尔斯**提出了杨 – 米尔斯理论，这个理论影响了从

20 世纪后半叶至今的物理学发展。到 60 年代，美国物理学家温伯格等人利用杨 – 米尔斯理论和希格斯的理论，将电磁力和弱核力统一了起来。到 70 年代，德国物理学家弗里奇和美国物理学家盖尔曼，又用杨 – 米尔斯理论，将电磁力、弱核力和强核力统一了起来。

但是，我们在生活中体会最深的重力（引力），一直无法和另外三种作用力统一，人们甚至无法证实引力所对应的引力波存在。根据爱因斯坦的广义相对论，当带有质量的物体加速度运动时，也会在时空中产生引力波，然后像涟漪一样，从带有质量的物体的位置向外传播。

如果能证实引力波的存在，就有可能找到对应的引力子，这就迈出了将引力和其他三种作用力统一的第一步。但是从 1955 年爱因斯坦去世算起，半个多世纪过去了，人类在寻找和证实引力波方面依然没有取得重大突破。直到 2015 年，LIGO（激光干涉引力波天文台）团队首次证实了引力波的存在。

在介绍 LIGO 证实引力波的实验之前，我们先讲讲它的原理。

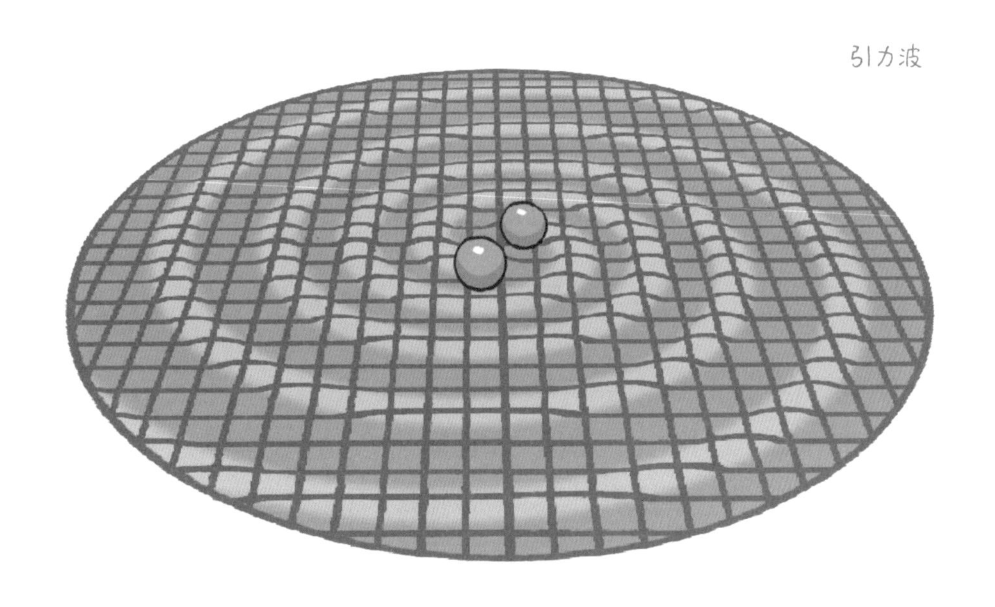

追踪引力波

一般来说，一个实验的仪器只会放置在一处，而 LIGO 分别在相隔 3000 千米的两个地区建设了完全相同的激光干涉仪，这么做的目的是避免偶然性的干扰所带来的误差，因为引力波非常弱，有可能产生误判；另外，这样做也便于对实验结果进行交叉验证。

LIGO 的每个实验装置有两个长达 4 千米的真空管，呈 L 形垂直放置。

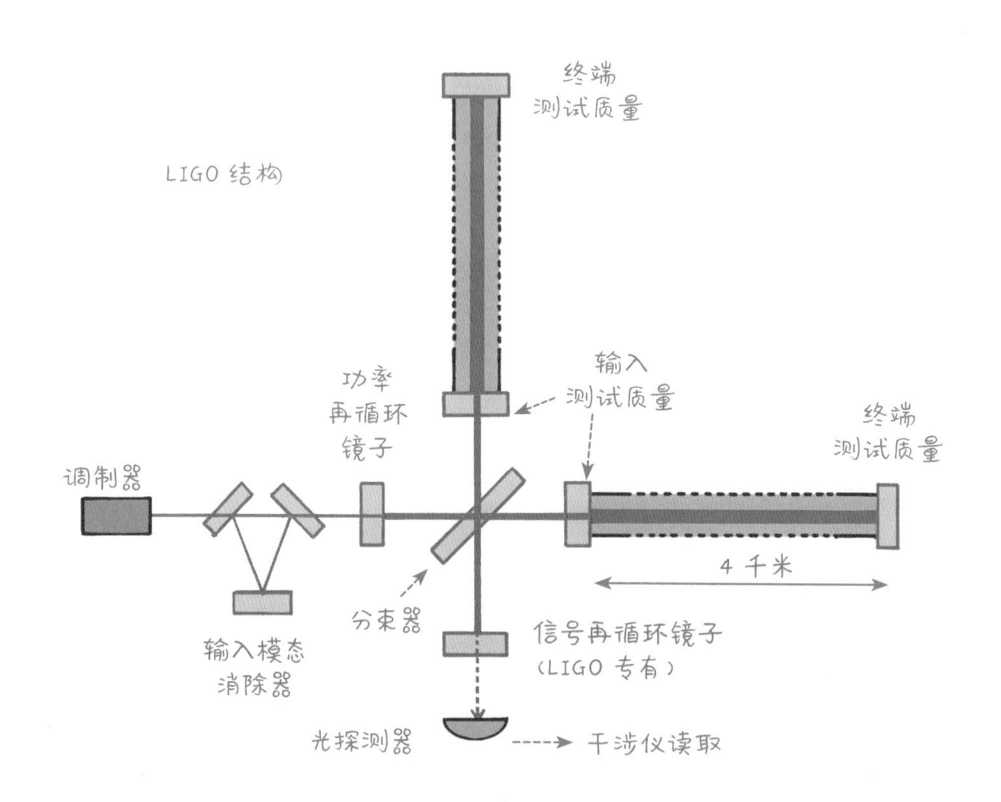

在真空管的一端，发射激光，在另一端有一个反射镜把激光反射回来。实验利用光的干涉原理，在没有外界干扰的情况下，射出去的光和反射回来的光应该完全抵消，这样光子检测器应该接收不到任何光，因为光全部抵消了。

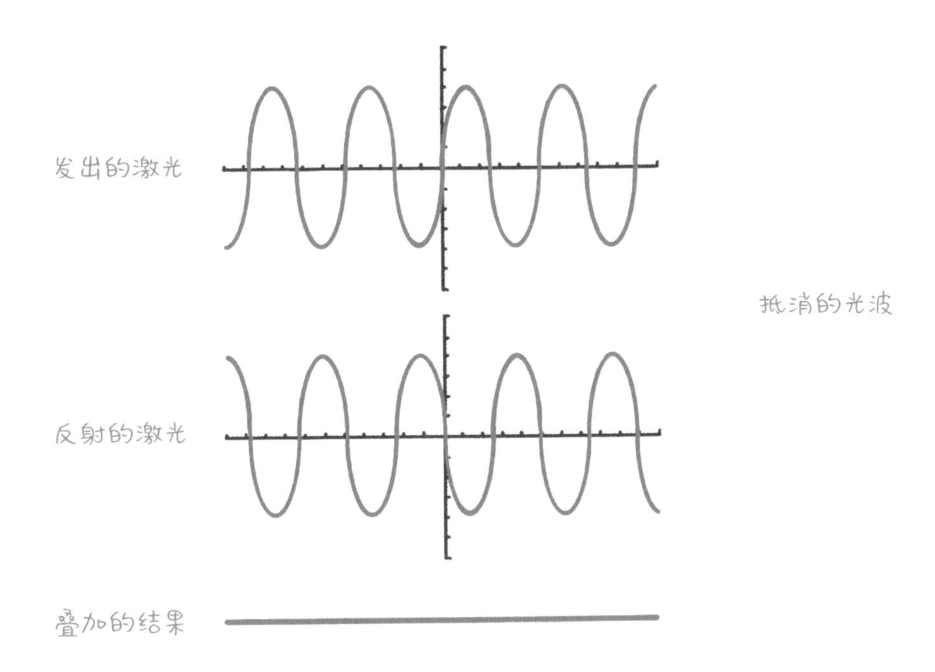

但是如果引力波存在，那么根据爱因斯坦广义相对论，激光的轨迹会发生偏移，这样入射光和反射光就不可能完全抵消，光子检测器就能检测到反射回来没有被抵消的激光。这个实验要求装置必须制作得非常精密，误差要远远小于激光的一个波长，否则来去的光即使抵消掉，也可能是误差导致的。事实上，这个实验装置的精确度是质子直径的万分之一。

LIGO 是由美国国家科学基金会（NSF）资助建设的，由麻省理工学院和加州理工学院共同管理与营运，主要的技术负责人包括基普·索恩、雷纳·韦斯和朗纳·德瑞福，他们都来自这两所世界名牌大学。2002—2010 年，LIGO 进行了多次探测引力波的实验。按照专家们的预测，每年应该可以探测到十几次大质量的星体或者黑洞合并事件。当这些星体合并时，它们会绕着对方高速旋转，产生非常大的向心加速度，就会产生较强的引力波。但是几年下来，虽然搜集到了大量的数据，但并未探测到引力波。科学家们估计这可能是因为探测器的灵敏度不够高。于是，LIGO 于 2010 年停止了运行，进行了大幅改进，使用了最稳定的激光器、最尖端的干涉仪、前沿光学材料和多层的震动隔离设施。

2015 年 9 月，经过 5 年的重新设计与重新建造的工作，耗费 2 亿美元后，LIGO 又重新开始工作了。这时有来自世界 16 个国家的 950 名科学家参与了 LIGO 探测引力波的研究。改进后的 LIGO 如果发现了引力波，可以快速通知全世界 74 个天文台。只需片刻，那些天文台就可以将望远镜对准天空，寻找可能引起引力波的天文事件，以确认检测到的是引力波，而不是噪声。

期待已久的发现

2015 年 9 月 14 日，科学家们期待已久的结果出现了。在两套实验装置中，同时发现激光的扭曲，虽然非常细微，但还是检测到了。根据随后的数据分析，认定这是 13 亿光年外一对互相缠绕的黑洞发出的引力波造成的。这两个黑洞的质量大约各相当于 30 个太阳的质量（一个质量在 32~41 个太阳，一个质量在 25~33 个太阳）。这两个黑洞合并后，质量比合并前减少了 3.0 ± 0.5 个太阳的质量。这么多的质量被转换为能量，以引力波形式释放。引力波辐射的峰值功率为 3.6×10^{49}W，是整个可观测宇宙所有可见光源功率总和的 10 倍多。

获得这个重大发现之后，科学家们兴奋异常，但是他们没有马上向大众公布这个消息，因为他们需要更多的时间确认这次实验结果的可信度。很快，在当年 12 月 26 日，LIGO 又探测到 14 亿光年之外两个黑洞合并所产生的引力波。这一次合并的两个黑洞比上一次的小很多，释放出的能量相当于一个太阳的质量。但 LIGO

黑洞合并

还是准确地检测到了。第二次检测到引力波意味着，先前的发现并不是侥幸发生的事件。事实上，在浩瀚宇宙里经常发生双黑洞合并事件，而 LIGO 后来不断探测到了更多此类事件。

有了第二次观测结果，LIGO 于 2016 年 2 月 11 日向外界公布了第一次观测结果，而第二次结果是在同年 6 月公布的。值得指出的是，就在美国进行 LIGO 实验时，欧洲也在意大利建立了观察引力波的室女座干涉仪（VIRGO）。2016 年之后，两个机构独立工作，然后相互验证它们的发现。目前，两台 LIGO 的仪器和一台 VIRGO 的仪器得到的结果是一致的。2017 年，巴里什、韦斯和索恩获得了诺贝尔物理学奖。

引力波实验的结果证实了广义相对论最后一项未被证实的理论预测，即它适用于强引力场。此次探测，也开启了引力波天文学的新纪元——在此之前，人类只能通过望远镜看遥远的星体，有了引力波探测仪之后，人类就可以“听到”宇宙天体的变化了。

引力波被证实之后，物理学家们开始考虑寻找和引力波相对应的引力子。今天物理标准模型中的所有基本粒子就都被观测到了，唯一还没被发现的就是引力子。大部分物理学家相信，引力波是和引力子相伴的，就如同光波和光子是相伴的一样。再往后，物理学家们将设法把原来适用于微观世界的量子力学和适用于宇观世界的广义相对论统一起来，并且最终有可能构建统一场论。

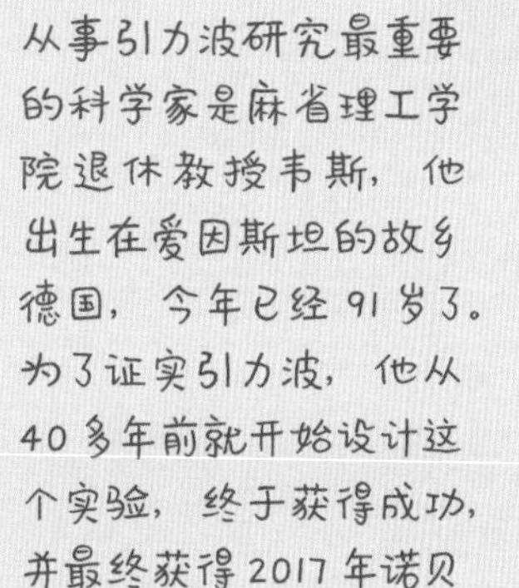

当然，重大的科学发现需要反复验证，2016 年 6 月 15 日美国和欧洲的两个引力波探测项目的科学家在加利福尼亚州圣迭戈再一次宣布，他们“非常清晰”地再次探测到引力波。也就是说，对于引力波的测量是可重复的。